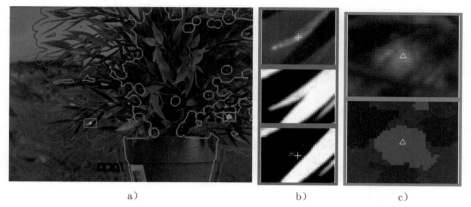

图 1-2 超像素级采样造成的最优前景/背景像素对丢失的例子

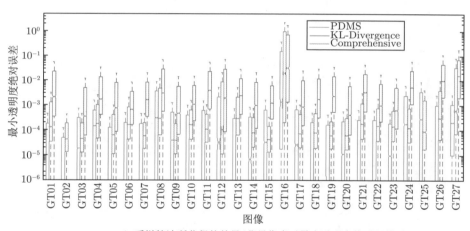

a) 采样算法所获得的前景/背景像素对最小透明度绝对误差对比

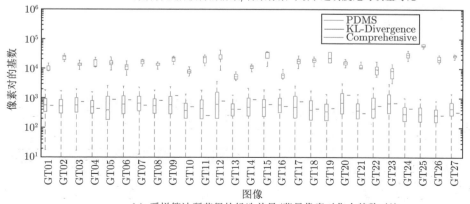

b) 采样算法所获得的候选前景/背景像素对集合基数对比

图 1-3 像素级多目标全局采样算法与先进抠图像素采样算法定量比较实验结果

a）像素级多目标全局采样算法　　　b）基于KL散度的采样算法　　　c）综合采样算法

图 1-4　像素级多目标全局采样算法与其他两个先进像素采样算法获得的像素样本分布对比

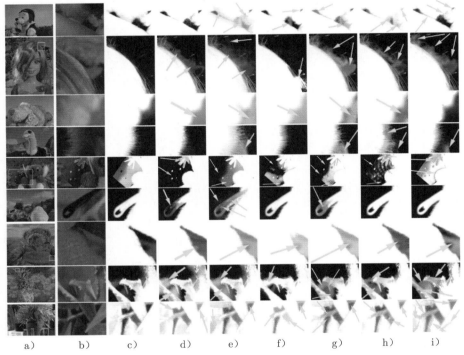

a)　　b)　　c)　　d)　　e)　　f)　　g)　　h)　　i)

图 1-5　不同抠图算法获得的抠图透明度遮罩的比较

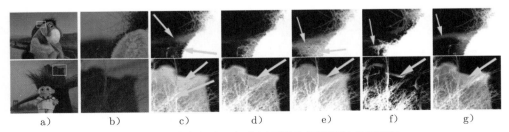

a)　　b)　　c)　　d)　　e)　　f)　　g)

图 1-6　基于像素级多目标全局采样的抠图算法的局限性

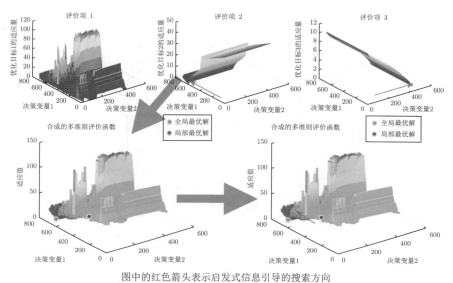

图中的红色箭头表示启发式信息引导的搜索方向

图 1-7　多准则评价函数中单个评价项提供启发式信息引导启发式优化
　　　　算法跳出局部最优解逼近全局最优解的例子

图 1-8　前景、背景像素空间距离准则不能同时满足的例子

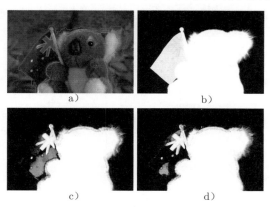

图 1-11　使用不同评价方法选择最优像素对所获得的抠图透明度遮罩

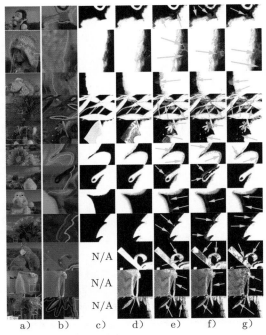

图 1-12　基于模糊多准则评价与分解的多目标协同优化抠图算法与现有抠图算法获得的抠图透明度遮罩对比

a）示例图像

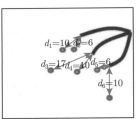

b）计算每个未知点的最近距离
（d_i 表明第 i 个未知像素点的最近距离）

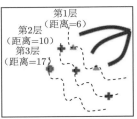

c）将未知像素点进行分层

图 1-17　分层抠图模型的伪代码

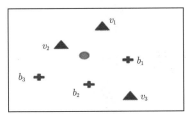

a）示例图像

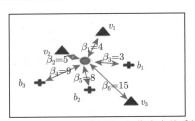

b）计算未知像素点与周围已知像素点关系值

图 1-18　分层抠图模型的伪代码

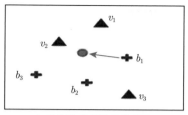 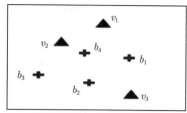

c）找到关系最近的像素点　　　　　　　　d）把关系最近的像素点标记
　　　　　　　　　　　　　　　　　　　　　　赋予未知像素点

图 1-18　（续）

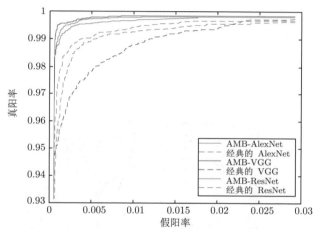

图 1-28　基于全自动抠图的红外图像行人预处理的深度神经网络分类算法和经典的神经网络分类算
　　　　法在 LSI 数据集上获得的 ROC 曲线对比

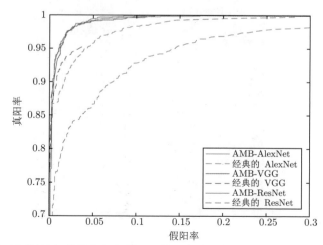

图 1-29　基于全自动抠图的红外图像行人预处理的深度神经网络分类算法和经典的神经网络分类算
　　　　法在 RIFIR 数据集上获得的 ROC 曲线对比

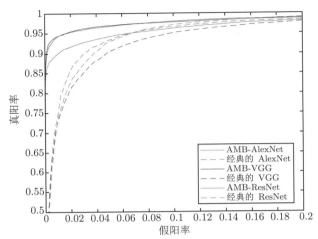

图 1-30　基于全自动抠图的红外图像行人预处理的深度神经网络分类算法和经典的神经网络分类算
　　　　 法在 KAIST 数据集上获得的 ROC 曲线对比

a)　　　 b)　　　 c)　　　 d)　　　 e)　　　 f)　　　 g)　　　 h)

图 1-31　基于全自动抠图的红外图像行人预处理算法与两个现有的红外图像行人
　　　　 增强方法的预处理结果比较

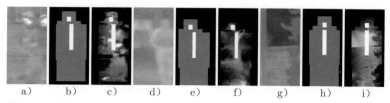

图 1-32　基于全自动抠图增强的红外图像行人分类算法分类错误的例子

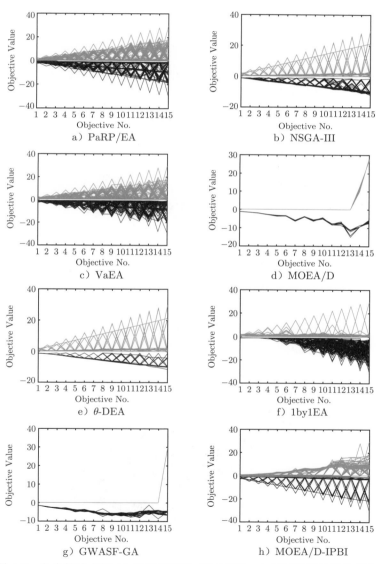

图 4-5　各个算法求解 15-目标 WFG7 和 WFG7^{-1} 测试问题的最终解集

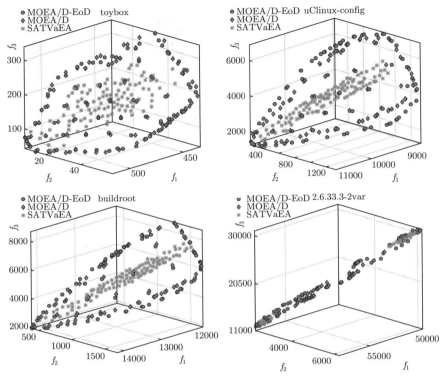

图 4-11　MOEA/D-EoD、MOEA/D 和 SATVaEA 求解四个典型 3-目标问题的最终解集

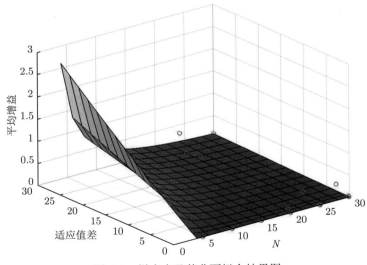

图 5-3　样本点及其曲面拟合结果图

人工智能技术丛书

Theory and Practice of
Intelligent Algorithm

智能算法
理论与实践

黄翰　郝志峰 ◎ 著

机械工业出版社
China Machine Press

图书在版编目（CIP）数据

智能算法理论与实践 / 黄翰，郝志峰著 . -- 北京：机械工业出版社，2022.4
（人工智能技术丛书）
ISBN 978-7-111-70386-0

I. ①智⋯ II. ①黄⋯ ②郝⋯ III. ①人工智能—算法 IV. ① TP18

中国版本图书馆 CIP 数据核字（2022）第 046591 号

本书主要讲述了以智能优化算法与深度学习方法为代表的智能算法在理论与实践方面的研究案例，这些案例覆盖了计算机视觉、物流规划、自然语言处理与软件工程等热门领域的应用，还介绍了多目标优化智能算法在软件配置方面的最新应用，最后详细讲解了连接理论研究与应用实践的计算时间估算方法，为智能算法的应用提供理论支持。本书可以作为高等学校计算机应用技术、软件工程与人工智能等专业的高级算法课程的教材，也可以作为算法工程师的选读书籍。

出版发行：机械工业出版社（北京市西城区百万庄大街 22 号　邮政编码：100037）

责任编辑：姚　蕾	责任校对：殷　虹
印　　刷：三河市宏图印务有限公司	版　　次：2022 年 5 月第 1 版第 1 次印刷
开　　本：186mm×240mm　1/16	印　　张：12.75　　插　　页：4
书　　号：ISBN 978-7-111-70386-0	定　　价：79.00 元

客服电话：(010) 88361066　88379833　68326294　　投稿热线：(010) 88379604
华章网站：www.hzbook.com　　　　　　　　　　　　读者信箱：hzjsj@hzbook.com

前　　言

　　智能算法是计算智能（Computational Intelligence）方法的算法形式，是人工智能在智能感知、智能决策与智能规划等方面的常用技术方法。智能算法在现阶段通常表现为进化计算、群体智能、机器学习等算法及其组合，涉及范围较广。目前，智能算法的相关著作主要集中在理论、方法与仿真实验方面，较少涉及实际应用，特别是在人工智能前沿研究领域的应用。本书立足于前沿研究成果，旨在为智能算法的实践工作者提供一本包含实际案例的参考书籍。

　　在计算机视觉领域，深度学习方法的应用较为常见，而智能优化算法的应用以及智能优化算法与深度学习方法结合的应用则较少被报道。本书第 1 章从计算机视觉的基础技术问题——抠图入手，探讨从数学建模、算法设计到工程应用的智能算法研究实例。抠图是图像处理与视频分析的底层关键技术与基础方法，它在精度和速度上的突破会极大地提高后续应用的性能。本书将介绍包括模糊多目标进化算法在内的多种智能算法，以及抠图算法在深度学习训练样本预处理中的应用（包括人脸检测、人脸识别、行人检测等），为计算机视觉领域的技术研发提供实用参考。

　　在软件工程领域，软件测试是软件开发过程中必要而且非常耗费人力的技术活动。软件测试用例自动生成技术可以大大减少软件测试在程序单元测试中的人力消耗，但实际软件程序的测试用例编码空间往往非常庞大，造成测试用例生成技术的计算代价较高。本书将从启发式优化的思想出发，介绍自适应评估函数和关联矩阵等智能算法策略，实现智能算法计算力的优化分配，以显著提高软件测试用例自动生成算法的性能。智能算法的实际效果经过了雾计算、自然语言处理和区块链智能合约等实际软件工具包和公开程序的实验验证，这可以为智能优化软件工程的技术研发提供有益参考。

智能物流是人工智能与现代物流研究的热点主题。双层车辆路径问题（2E-VRP）是新时代物流体系中一个关键的优化问题，也是管理科学领域的一个公开难题。本书将阐述 2E-VRP 的背景、数学模型与研究现状，重点介绍求解该问题的前沿智能算法，详细讲述用模糊进化算法解决双层调度矛盾的新技术，实现 2E-VRP 问题的高精度求解。本书还展示了这些研究成果在城市物流规划与大型港口业务调度中的应用与相关产业化实例，可以为智能物流的管理规划与技术研发提供有效指导。

除少数应用之外，本书还介绍了多目标优化智能算法在软件配置方面的最新应用，希望能给运用多目标优化算法求解实际复杂优化问题的研究与技术人员带来启发。作为总结，本书最后一章介绍了连接理论研究与应用实践的计算时间估算方法，为智能算法的应用提供理论支持，为智能算法的应用者提供时间复杂度分析的实用工具。

鉴于作者水平有限，本书纯属抛砖引玉之拙作，希望能为从事智能算法应用的实践者提供一些参考。

黄　翰

2021 年 11 月于广州五山

C O N T E N T S

目　录

第 1 章

智能算法在计算机视觉领域的应用

本章介绍智能算法在计算机视觉领域的图像抠图、血管分割、红外图像行人分类中的应用。其中，1.1 节和 1.2 节将分别介绍利用智能算法求解图像抠图的采样问题以及像素对优化问题，1.3 节将介绍智能算法在医学影像学中血管提取问题的应用，1.4 节将介绍如何将智能算法引入红外图像行人分类中。

1.1 精确捕捉半透明的视觉效果——基于像素级多目标优化的采样算法

抠图（Image Matting）技术起源于图像合成（Image Composition），是一种致力于精确提取前景的图像处理技术。基于采样的抠图算法（Sampling-Based Image Matting Algorithm）是当前主流的抠图技术，该技术通过为每个未知区域的像素求解最优的一对前景像素和背景像素（下文称像素对），实现抠图透明度遮罩的估计，从而得到对应的前景颜色。

1.1.1 研究进展简述

在基于采样的抠图算法中，由于抠图前景/背景像素对组合优化问题决策空间庞大，难以遍历所有可能的前景/背景像素对，因此像素采样是对前景/背景像素对组合优化问题决策空间进行缩减的关键环节。像素采样结果决定了前景/背景像素对优化精度的上界，一旦最优样本未被采集，前景/背景像素对优化的精度将大幅下降，造成估计的抠图透明度遮罩出现较大误差。如图 1-1 所示，像素采样是基于采样的抠图算法中介于预处理与最优像素对选择之间的重要环节，其为最优像素对选择提供候选的前景及背景像素样本。由于所有可能的前景/背景像素对的数量巨大，评价所有的前景/背景像素对是不可行的，因此，基于采样的抠图算法需要对已知区域进行采样，以大幅减少可行解的数量，使最优像素对采样成为可能，进而从前景及背景样本集合中为每个未知像素选择最优的前景/背景像素对。

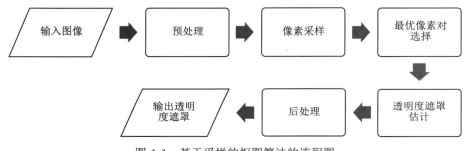

图 1-1　基于采样的抠图算法的流程图

早期的采样算法主要通过单一的基于空间距离特征的采样策略实现局部采样[1-3]。单特征采样算法通过已知区域像素到未知区域的相近程度判断是否将该像素采集为样本，因为最优的前景/背景像素对不一定落在靠近已知像素的边缘区域，所以基于单一特征的采样策略可能会导致丢失最优样本。为了解决该问题，研究人员提出了考虑多个图像特征的全局采样算法来保证采集到像素样本的多样性，如基于聚类的采样算法（Clustering-Based Sampling Algorithm）[4]、基于颜色与纹理特征加权的抠图算法[5]等。除空间距离特征的多特征采样算法之外，还额外考虑了如颜色特征[4,6-8]、纹理特征[5]等其他采样特征，有效地提升了样本的多样性。现有的基于多特征的采样策略主要通过两种方式融合多个采样特征：第一种方式设计包含多个特征项的目标函数[4]，目标函数中每个数据项对应一个采样特征；第二种方式将多个特征向量串接成一个总的特征向量[6-8]。

最近的研究还提出了基于稀疏编码的抠图算法[8]、基于 KL 散度采样的抠图算

法 [7] 等更为有效的样本多样性保持策略，这些策略提供了定量评价样本的代表性的计算方法，使其可以在保证采样质量的情况下将样本集合规模维持在一个较小的水平，从而减少最优像素对选择的计算量。然而，这类多样性保持策略具有较高的时间、空间复杂度，使其无法在完整的采样空间中应用。由于超像素（Superpixel）⊖的平均颜色被认为可以代表超像素中大部分像素的颜色，因此，这类算法将像素聚类成为超像素，并以超像素平均颜色集合作为采样空间 [4-8]，从而达到缩减采样空间的目的，使其可以在有效时间内完成样本的采集。这里称这种压缩采样空间的策略为超像素级采样（Superpixel-Level Sampling）。

现有的采样策略依然存在最优前景/背景像素对的丢失问题，其原因有两点。

1）没有考虑多个采样特征之间可能存在的冲突。现有的多特征采样算法将多个采样特征通过一个包含多个数据项的目标函数或串接多个特征向量进行简单合并，其背后的假设为：多个采样特征对应的采样准则可以同时被满足。然而，实际采样中并不总能满足该假设。当多个采样准则之间存在冲突时，现有的采样策略可能会遗漏最优的前景/背景像素对。例如，在最优的前景或背景像素与未知像素具有相近的颜色但距离较远的情况下，空间距离相近的采样准则和颜色相近的采样准则会发生冲突，两者不能同时被满足。由于不能满足空间距离相近的采样准则，与满足该准则的像素（即靠近未知像素的已知区域像素）相比，最优的前景或背景像素的评分不佳，造成现有的采样算法遗漏了最优的前景/背景像素对。

2）虽然超像素级采样可以显著地降低复杂采样算法的时间复杂度和空间复杂度，但是超像素级采样同时也使采样空间不完整，不完整的采样空间可能未能包含最优的前景/背景像素对。超像素的平均颜色往往不能代表超像素中离群像素的颜色，而这些离群像素可能为最优的前景或背景像素。图 1-2 给出了由超像素级采样造成的最优前景/背景像素对丢失的例子，图 1-2a 为输入图像，图中三分图的已知前景区域边界与已知背景区域边界分别用红色及蓝色表示；图 1-2b 从上至下分别是图 1-2a 中紫色区域局部放大图像、图 1-2a 中紫色区域局部放大标准抠图透明度遮罩、基于 KL 散度采样的抠图算法 [7] 获得的图 1-2a 中紫色区域局部放大抠图透明度遮罩；图 1-2c 从上而下分别是

⊖　超像素是由具有相似特征的像素组成的连通子区域。

图 1-2a 中绿色区域局部放大图像、图 1-2a 中绿色区域局部放大超像素图像，其中超像素中像素颜色使用超像素的平均颜色替代。从图 1-2c 中可以发现超像素的平均颜色与超像素内的三角形标注的像素颜色出现明显的差别，三角形标注的像素正是图 1-2b 中十字标注的未知像素的最优的前景像素。由于最优前景/背景像素对丢失，造成了透明度遮罩估计的较大误差（如图 1-2b 所示）。这个例子说明了超像素的平均颜色往往不能代表超像素中所有像素的颜色。

图 1-2　超像素级采样造成的最优前景/背景像素对丢失的例子（见彩插）

1.1.2　科学原理

1. 问题描述

本节将介绍自然图像抠图中前景/背景像素对优化所涉及的像素采样问题的数学模型。考虑到像素采样由于前景、背景像素的组合数量过于庞大，无法在有效时间内评价所有可能的前景/背景像素对，不能实现最优前景/背景像素对的选取。因此，像素采样是从给定三分图的已知前景（背景）区域的像素所构成的集合中，通过一定的选择策略获得一个基数较小的前景（背景）像素样本集合的过程。

设 Ω_F、Ω_B 分别为给定的一个三分图中已知前景区域和已知背景区域的像素集合，$P(*)$ 表示一个抠图像素采样算法 P 对像素集合 $*$ 进行采样，对已知前景及背景区域像素采样问题可以建模为：

$$\mathcal{S}_F = P\left(\Omega_F\right) \ \text{s.t.} \ |\mathcal{S}_F| \ll |\Omega_F| \tag{1-1}$$

$$\mathcal{S}_B = P\left(\Omega_B\right) \ \text{s.t.} \ |\mathcal{S}_B| \ll |\Omega_B| \tag{1-2}$$

其中 $\mathcal{S}_F$、$\mathcal{S}_B$ 分别为采集得到的前景、背景像素样本集合，$|*|$ 表示集合 $*$ 的基数。高质量的像素样本集合应对任意的未知像素 z 均满足以下条件：

$$\exists p \in \mathcal{S}_F, \ \exists q \in \mathcal{S}_B, \ |\hat{\alpha}_z^{p,q} - \tilde{\alpha}_z| < \varepsilon \tag{1-3}$$

$$\hat{\alpha} = \frac{(I - B) \cdot (F - B)}{\|F - B\|^2} \tag{1-4}$$

其中 $\hat{\alpha}_z^{p,q}$ 表示将前景/背景像素对 (p, q) 所对应颜色值代入到式 (1-4) 中所估计的像素 z 的透明度。$\tilde{\alpha}_z$ 为标准抠图透明度遮罩中像素 z 的透明度值。ε 为一个数值较小的常数。

当满足上述条件时，每一个未知像素在样本集合中均有像素对使其估计的透明度接近于标准透明度遮罩中的值。当不满足上述条件时，对于部分或全部未知像素，前景及背景样本集合中的像素任意两两组成的所有可能的前景/背景像素对，均与该未知像素对应的最优前景/背景像素对有较大差别，导致所估计的透明度值与标准透明度遮罩中的值存在较大偏差，从而造成了最优前景/背景像素对的丢失问题。

2. 基于像素级多目标全局采样的抠图算法

为了解决基于优化抠图算法求解速度慢的问题，文献 [185] 结合基于优化的抠图算法和基于采样的抠图算法，提出了一种基于像素级多目标全局采样的抠图算法。该算法的核心是像素级多目标全局采样算法。与现有的采样算法假设最优前景/背景像素对分布在特定区域不同，该文献提出的采样算法利用多目标优化实现了像素采样。与现有采样算法相比，像素级多目标全局采样算法主要有两个创新点。

1）通过多目标优化实现多个采样准则之间的自适应权衡，解决了多采样特征对应的采样准则之间的冲突问题。对于一个未知像素，考虑将多个采样特征的前景或背景像素采样问题建模为一个离散多目标优化问题。文献 [185] 提出的算法通过对离散多目标优化问题进行求解，将帕累托最优解集（Pareto Set）中的所有像素均作为样本实现了全局采样，由于帕累托最优（Pareto optimal）解[⊖]与各个采样目标之间的尺度无关，因此该算法不需要进行不同采样准则的加权，不涉及经验参数的调教。

2）区别于超像素级采样，通过将像素聚类成超像素实现采样空间的缩减，文献 [185] 提出的算法在完整的采样空间中采集样本，避免了因为采样空间不完整带来的最优前景/背景像素对丢失问题。因此，在已知前景、背景区域的每一个像素都可能被采集为像素样本，这里将该策略称为像素级采样（Pixel-Level Sampling）。

在像素级多目标全局采样算法中，针对前景/背景像素对评价函数设计了三个采样准则，包括与未知像素的颜色相似、空间距离相近以及纹理相似。一个未知像素的前景或背景像素采样问题被建模为一个包含两个及以上目标的离散多目标优化问题。为了快速求解大量的多目标优化问题，文献 [185] 提出了时间复杂度为 $O(kn)$、空间复杂度为 $O(n)$ 的快速离散多目标优化算法[⊖]，帕累托最优解集中的所有像素均被采集为样本。

基于像素级多目标全局采样的抠图算法在像素级多目标全局采样算法基础上，采用一个像素对目标函数实现最优像素对选择，进而得到对应的透明度。具体来说，像素级多目标全局采样算法所获得的前景样本集合与背景样本集合通过笛卡儿积的形式生成前景/背景像素对候选集；通过最小化一个包含两个广泛使用评价项[3-8] 的前景/背景像素对目标函数，从像素对候选集合中选择目标函数值最优的前景/背景像素对，并将其对应颜色代入式 (1-4) 从而估计出未知像素的透明度，所使用的前景/背景像素对目标函数包含颜色失真项以及空间距离项。给定一个未知像素 z 以及候选集合中的一个前景/背景像素对 (p, q)，其中 $p \in \mathcal{S}_F$、$q \in \mathcal{S}_B$，所采用的前景/背景像素对目标函数可表示为：

$$O_z(p,q) = O_z^{(c)}(p,q) \times O_z^{(s)}(p,q) \tag{1-5}$$

其中颜色失真项 $O_z^{(c)}(u,v)$ 及空间距离项 $O_z^{(s)}(u,v)$ 的定义由以下两个公式给出。

$$O_z^{(c)}(p,q) = \exp\left(-\|C_z - (\widehat{\alpha}_z C_p + (1-\widehat{\alpha}_z)C_q)\|\right) \tag{1-6}$$

⊖　帕累托最优解指不存在其他在每个目标上都比其更优的可行解，帕累托最优解是多目标优化问题的最优解。

⊖　n 为离散多目标优化问题中可行解的数量，k 为离散多目标优化问题中帕累托最优解的数量。

$$O_z^{(s)}(p,q) = \exp\left(\frac{-\|S_z - S_p\|}{\dfrac{1}{\Omega_F}\displaystyle\sum_{u\in\Omega_F}\|S_z - S_u\|}\right) \times \exp\left(\frac{-\|S_z - S_q\|}{\dfrac{1}{\Omega_B}\displaystyle\sum_{v\in\Omega_B}\|S_z - S_v\|}\right) \tag{1-7}$$

C_z、C_p 和 C_q 分别表示像素 z、像素 p 和像素 q 的 RGB 空间颜色向量，S_z、S_p 和 S_q 分别表示像素 z、像素 p 和像素 q 的空间坐标向量。

下面将对像素级多目标全局采样算法所涉及的像素级离散多目标采样策略以及快速离散多目标优化算法进行介绍。

(1) 像素级离散多目标采样策略

为了解决多个采样特征对应的采样准则之间的冲突问题，文献 [185] 提出了像素级离散多目标采样 Pixel-level Discrete Multiobjective Sampling，PDMS 策略。该策略将关于每一个未知像素的前景或背景像素采样问题分别建模为一个离散多目标优化问题，针对评价函数设计可近似其最优解的采样准则，且每一个采样准则均建模为一个优化目标。如 1.1.1 节所述，不完整的采样空间会导致最优前景/背景像素对丢失问题。为了避免出现该问题，像素级离散多目标采样策略从已知区域所有像素所组成的集合中采集样本，实现了像素级的采样，这区别于超像素级采样从超像素平均颜色构成的集合中采集样本。

本节首先介绍像素级离散多目标采样策略所涉及的采样准则。北京航空航天大学的梁晓辉教授指出，基于单一空间相近采样准则的采样算法会导致丢失最优样本的问题 [4]。为了解决该问题，像素级离散多目标采样策略采用了颜色、空间、纹理三个采样特征，为每一个特征分别设计了采样准则。

颜色是抠图的重要特征。像素级离散多目标采样策略将与给定的未知像素颜色相近作为一种有效的采样准则。给定一个未知像素 z 以及已知（前景或背景）区域中的一个像素 x，颜色相近采样准则可建模为以下目标函数：

$$g_1(x) = \|C_x - C_z\| \tag{1-8}$$

其中 C_x 与 C_z 分别表示已知区域像素 x 与未知区域像素 z 的 RGB 空间颜色向量，$\| * \|$ 表示向量 $*$ 的模。

像素级离散多目标采样策略考虑了广泛使用的空间距离特征，将与给定的未知像素空间距离相近作为一个采样准则，空间距离相近采样准则可建模为以下目标函数：

$$g_2(x) = \|\boldsymbol{S}_x - \boldsymbol{S}_z\| \tag{1-9}$$

其中 $\boldsymbol{S}_x$ 与 $\boldsymbol{S}_z$ 分别表示已知区域像素 x 与未知区域像素 z 的空间坐标向量。

此外，Shahrian 等人的研究表明纹理特征可有效提高复杂场景下的抠图像素采样性能 [5]。像素级离散多目标采样策略也考虑了图像的纹理特征，设计了基于局部二值模式（Local Binary Pattern）的纹理相似采样准则。其对应的目标函数可以表示为：

$$g_3(x) = \|\boldsymbol{T}_x - \boldsymbol{T}_z\| \tag{1-10}$$

其中 $\boldsymbol{T}_x$ 与 $\boldsymbol{T}_z$ 分别表示已知区域像素 x 与未知区域像素 z 对应的局部二值模式特征向量。

正如本节开头所述，提出多目标采样的目的是解决多个采样准则之间冲突导致的最优前景/背景像素对丢失问题。在基于多特征的采样算法中，多个特征所对应的采样准则往往不能同时被满足。例如，最优前景或背景像素可能与给定未知像素具有相近的颜色，但位于距离未知像素较远的区域。在这种情况下，虽然已知区域像素与未知像素之间的颜色差别较小，但是两者之间的空间距离却较大，造成颜色相近采样准则与空间距离相近采样准则存在冲突，两个准则不能同时被满足。

像素级离散多目标采样策略将前景、背景像素采样建模为两个离散多目标优化问题。该多目标优化问题旨在同时优化所有的目标函数。设有 n 个采样准则，前景像素采样问题所对应的多目标优化问题可以表示为：

$$\min g_1(x), \min g_2(x), \cdots, \min g_n(x) \quad \text{s.t. } x \in \Omega_F \tag{1-11}$$

其中 $g_i(x)$ 为第 i 个需要优化的目标，$i = 1, 2, \cdots, n$。决策变量 x 为已知前景区域像素的一维索引，$x = 1, 2, \cdots, |\Omega_F|$。由于决策变量为离散的整数值，因此该问题为离散的多目标优化问题。多目标优化问题中所涉及的目标往往存在冲突，不存在一个解可以同时使所有目标达到最优的情况。因此，多目标优化问题的最优解是指不存在其他在每个目标上都比其更优的可行解，称为帕累托最优解。像素级离散多目标采样策略将上述多

目标优化问题的所有帕累托最优解作为像素样本。可以通过类似思路建立背景像素采样问题的多目标优化模型。

为了避免采样空间不完整所导致的最优前景/背景像素对丢失问题，这里提出了像素级采样策略，从已知前景或背景区域的所有像素所构成的集合中采集像素样本。为了获得完整的采样空间，像素级离散多目标采样策略没有采用超像素级采样算法[4-8]中普遍采用的像素聚类步骤。因此，已知前景或背景区域的每一个像素均有可能被采集为样本。像素样本的多样性是获得高质量抠图结果的关键因素[4-6]，像素级离散多目标采样策略在完整的采样空间中采样，与超像素级采样相比，这种采样策略增加了样本的多样性。

(2) 快速离散多目标优化算法

像素级离散多目标采样策略将每个未知像素的前景或背景采样问题建模为一个离散多目标优化问题，这带来了数量巨大的多目标采样优化问题。如何在有效时间内求解数量庞大的离散多目标优化问题，是像素级离散多目标全局采样算法面临的重大挑战。虽然离散多目标优化问题是一个组合优化问题，但考虑到所涉及的离散多目标优化问题目标数量较少、决策变量维度较低以及可行解数量不是特别巨大等因素，像素级离散多目标采样策略所涉及的单个多目标优化问题并不是难以求解的。

其中一个求解思路是采用时间复杂度为 $O(n^2)$ 的蛮力法[⊖]。一方面，由于采用了像素级采样策略，多目标优化问题的可行解数量较超像素级采样大大增加；另一方面，对于一幅三十万像素的图像，像素级离散多目标采样策略涉及的多目标优化问题数量可达十几万个。因此，采用蛮力法计算非常耗时，在实际应用中是不可行的。

现有的求解多目标优化问题的算法可以分为确定性算法与近似算法两类。以天际线算法[9]为代表的确定性算法可以保证精确求解出所有帕累托最优解，这类算法可求解可行解数量随问题规模呈线性增长的多目标优化问题。由于这类算法被设计用于 SQL 查询，因此主要用于求解少量的可行解数量相对较大的多目标优化问题。为了实现在大量记录中的 SQL 查询，这类算法在设计时考虑了所有可行解只会访问一次等特性。这

　　⊖　n 为多目标优化问题中可行解的数量。

些特性对于动辄涉及上亿条记录的 SQL 查询来说固然十分重要，但是其对像素级离散多目标采样策略所涉及的多目标优化问题则没有显著的好处，因为这类多目标优化问题只涉及数量相对较少的可行解[○]，更重要的是实现这些特性可能会带来不必要的计算开销。采用这类算法可能会导致采样消耗的时间较长。以启发式优化算法为代表的近似算法旨在获得复杂多目标优化问题近似解，其主要面向确定性算法不能解决的 NP 难的复杂优化问题。近似算法的不足在于这类算法具有较高的时间复杂度，其不能在有效时间内求解数量庞大的多目标优化问题。

为了高效地求解像素级离散多目标采样策略所涉及的数量庞大的离散多目标优化问题，我们提出了时间复杂度为 $O(kn)$、空间复杂度为 $O(n)$ 的快速离散多目标优化（Fast Discrete Multiobjective Optimization，FDMO）算法[○]。快速离散多目标优化算法属于确定性算法，即保证可以找到多目标优化问题所有的帕累托最优解。该算法的基本思想是在每轮迭代中找到一个帕累托最优解，并在算法迭代的比较过程中将被支配的解从候选集中删除，从而避免不必要的计算量。

快速离散多目标优化算法主要包括四个步骤：

1）从可行解全集 Ω 中选择一个可行解，对于前景像素采样问题 $\Omega = \Omega_F$，对于背景像素采样问题 $\Omega = \Omega_B$。

2）逐一比较选中的可行解与可行解全集 Ω 中的其他解。若比较过程中其中一个解被另一个解支配[○]，则将被支配的解从 Ω 中移除。若选中的解被移除，则参与比较的另一个解成为被选中的解，并重复步骤 2。

3）将选中的可行解加入帕累托最优解集合，并将其从 Ω 中移除。

4）重复上述步骤直到 Ω 为空。

算法 1-1 给出了快速离散多目标优化算法的具体实现方式。其中，swap() 表示交换

○ 对于一幅三十万像素的图像，可行解的数量通常在 10^5 数量级。

○ n 为离散多目标优化问题中可行解的数量，k 为离散多目标优化问题中帕累托最优解的数量。

○ 在多目标优化问题中，当一个解 x 在所有的目标中均不劣于另一个解 y，且至少有一个目标上优于 y 时，称 x 支配 y[10]。

赋值算子。每经过一轮迭代，该算法可保证找到一个帕累托最优解。假设一个给定的离散多目标采样问题包含 k 个帕累托最优解，快速离散多目标优化算法可以在 k 轮迭代中找到所有的帕累托最优解，在比较过程中被支配的可行解不可能为帕累托最优解，因此把它从 Ω 集合中移除。当可行解集合中存在非帕累托最优解时（即 $k < n$），由于 Ω 集合的基数不断变小，每轮迭代所需的比较次数会逐渐减少。对于多目标采样问题，帕累托最优解的数量通常小于可行解的数量。以图像抠图基准测试集[11]中植物图像的前景多目标像素采样问题为例，该图像对应的多目标像素采样问题的可行解数量为168 409，其中只有 11 个可行解为帕累托最优解。在多目标像素采样问题中，帕累托最优解的数量远远小于可行解的数量。因此，快速离散多目标优化算法的每一轮迭代都会

算法 1-1　　面向抠图像素采样的快速离散多目标优化算法伪代码

输入： 一个离散多目标前景或背景采样问题，包含该问题所有可行解的数组 C

输出： 修改后的可行解数组 C、i（数组 C 的前 $i-1$ 个解为帕累托最优解）

1: $i \leftarrow 1$

2: $j \leftarrow$ 数组 C 的长度

3: **while** $i \leqslant j$ **do**

4:　　$cmp \leftarrow i + 1$

5:　　**while** $cmp \leqslant j$ **do**

6:　　　　**if** 数组 C 中第 i 个可行解支配第 cmp 个可行解 **then**

7:　　　　　　swap($C[cmp], C[j]$)

8:　　　　　　$j \leftarrow j - 1$

9:　　　　**else if** 数组 C 中第 cmp 个可行解支配第 i 个可行解 **then**

10:　　　　　　swap($C[i], C[cmp]$)

11:　　　　　　swap($C[cmp], C[j]$)

12:　　　　　　$j \leftarrow j - 1$

13:　　　　　　$cmp \leftarrow i + 1$

14:　　　　**else**

15:　　　　　　$cmp \leftarrow cmp + 1$

16:　　　　**end if**

17:　　**end while**

18:　　$i \leftarrow i + 1$

19: **end while**

将大量的被支配的可行解移除，下一轮迭代所需要的比较次数将会大幅减少，从而实现了多目标优化问题的快速求解。

下面对快速离散多目标优化算法的时间及空间复杂度进行分析。在复杂度分析中，我们将两个可行解的支配关系比较作为算法的基本操作，并将该操作的时间复杂度与空间复杂度均认为是 O(1)。首先分析算法在最优、最差及平均情况下的时间复杂度。假设对于给定多目标采样问题的可行解集为 Ω，其中包含 k 个帕累托最优解。快速离散多目标优化算法每一轮迭代均能找到一个帕累托最优解，经过 k 轮迭代后，所有的帕累托最优解均可获得，满足停机条件。由于在每一轮迭代中有不少于一个可行解从 Ω 集合中被移除，第 i 轮迭代所需的比较次数不多于 $2(n-1-i)$ 次，经过 k 轮迭代完成计算，由此可知快速离散多目标优化算法的平均时间复杂度为 O(kn)。在最好的情况下，可行解全集中仅有一个可行解为帕累托最优解，即 $k=1$。在第一轮迭代中即可求得所有帕累托最优解，且由于在比较中其余可行解均被该帕累托最优解支配，因此均从 Ω 集合中移除。经过第一轮迭代 Ω 集合即为空集，达到停机条件。因此，在最好的情况下，快速离散多目标优化算法的时间复杂度为 O(n)。在最坏的情况下，所有的可行解均为帕累托最优解，即 $k=n$。每轮迭代中仅有求得的帕累托最优解从 Ω 集合中被移除。因此，最坏情况下的时间复杂度为 O($(1+n)n/2$)，简化后得到 O(n^2)。由于除包含所有可行解的数组以及数量有限的临时变量之外，快速离散多目标优化算法在所有情况下均不需要占用其他存储空间，因此其在最好情况下、最坏情况下以及平均情况下的空间复杂度均为 O(n)。表 1-1 总结了快速离散多目标优化算法的时间与空间复杂度分析结果。

表 1-1　快速离散多目标优化算法的时间与空间复杂度

	最好情况下	最坏情况下	平均情况下
时间复杂度	O(n)	O(n^2)	O(kn)
空间复杂度	O(n)	O(n)	O(n)

3. 实验结果与讨论

下面通过两个实验对像素级多目标全局采样算法进行全面的测试。第一个实验验证文献 [185] 提出的采样算法是否解决了由于采样准则冲突或采样空间不完整导致的最优前景/背景像素对丢失问题。第二个实验验证文献 [185] 提出的采样算法是否能提高基于采样的抠图算法获得透明度遮罩的质量。

实验中所使用的图像来源于 Rhemann 等人提出的抠图透明度遮罩客观评价基准数据集 [11]。该数据集包含 35 幅自然图像,其中 27 幅为提供标准抠图透明度遮罩的训练图像,其余 8 幅为不公开抠图透明度遮罩的测试图像。该数据集为测试集中的图像提供三种不同类型的三分图,其中一种由用户手工标记获得,其余两种是通过使用不同大小的结构元素对标准的抠图透明度遮罩做形态学操作自动产生的(其中使用较小的结构元素所获得的三分图未知区域较小,使用较大的结构元素所获得的三分图未知区域较大)。该数据集为训练集中的图像仅提供自动产生的三分图。本实验在一台配有双路英特尔至强 E5 2620 中央处理器和 32GB 内存的服务器上进行。

(1)像素级多目标全局采样算法性能验证实验

本实验通过将像素级多目标全局采样算法与两个先进抠图像素采样算法进行对比,验证其采样性能。

本实验采用两个评价指标定量评价像素级多目标全局采样算法的采样性能。第一个评价指标为最小透明度绝对误差。绝对误差之和已经被广泛应用于抠图透明度遮罩的客观评价 [3-8,11]。在基于采样的抠图算法中,给定一个前景/背景像素对就可以通过式 (1-4) 求得一个未知像素的透明度值,即对于一个未知像素,前景/背景像素对直接决定了其估计的透明度。因此,可以通过透明度遮罩的误差来评价前景/背景像素对的质量。给定一个未知像素,如果与其他前景/背景像素对相比,一个前景/背景像素对所对应的透明度更接近于标准透明度遮罩中该像素的透明度的取值,则可认为该像素对优于其他像素对。本实验通过比较前景/背景像素对对应的透明度绝对误差来比较不同像素采样算法的性能。首先将采样所获得的前景样本集合与背景样本集合做笛卡儿积,得到前景/背景像素对候选集;然后计算每个前景/背景像素对对应的透明度,并与标准透明度遮罩中对应的透明度进行对比,取候选集中误差最小的透明度绝对误差作为采样算法评价指标。最小透明度绝对误差越小,表示采样算法发生最优前景/背景像素对丢失的情况越少,其采样性能越好。当最优前景/背景像素对丢失时,候选集中的像素对所对应的透明度均与标准抠图透明度遮罩中对应的透明度存在较大偏差，造成最小透明度绝对误差指标的值显著增大。本实验中采用的第二个评价指标为通过采样获得的前景样本集合与背景样本集合的笛卡儿积产生的候选像素对集合的基数。最新的研究表明少量的像素样本即可有效地表示未知区域的颜色[7-8]，由于最优像素对选择环节将逐一评价候选集合中的像素对，基数较大的候选集将耗费大量的时间。如果两个采样算法所获得的像素样本集合具有相同的最小透明度绝对误差，其中一个产生的候选集基数庞大，则产生基数较小候选集的采样算法具有更好的实用性。候选像素对集合的基数对抠图实际应用具有重要意义。

本实验中使用了基准数据集的 27 幅提供标准抠图透明度遮罩的图像以及对应的自动生成的未知区域较小的三分图。所使用的 27 幅图像分别包含 38 573、57 461、121 014、178 728、29 357、55 831、52 970、142 232、90 208、51 540、61 930、33 836、143 935、37 039、43 538、87 834、51 098、56 751、25 462、49 105、121 177、65 605、63 437、49 174、59 459、153 224、102 471 个未知像素。

本实验使用了两个先进的抠图像素采样算法作为采样性能的基准，分别是基于 KL 散度的采样算法[7]（KL-Divergence）以及综合采样算法[6]（Comprehensive）。基于 KL 散度的采样算法在对 GT02 及 GT25 图像采样过程中所采集到的所有像素均落在已知前景区域，未能采集到背景像素，无法得到实验结果。

图 1-3a 以箱线图的方式给出了像素级多目标全局采样算法及其他两个先进像素采样算法在 27 幅图像上的最小透明度绝对误差。图中每一个立柱描述了一个采样算法在基准数据集中一幅图像的所有未知像素对应的最小透明度绝对误差的分布情况。如图 1-3a 所示，与现有的像素采样算法相比，像素级多目标全局采样算法在绝大部分图像中最小透明度绝对误差较低，表示文献 [185] 提出的采样算法对于不同的未知像素所获得的样本集合均包含透明度误差较小的前景/背景像素对。在 GT16 图像中，基于 KL 散度的采样算法及综合采样算法，对于超过四分之一的未知像素的最小透明度绝对误差超过 0.5，说明在该图像采样过程中存在最优前景/背景像素对丢失的问题。像素级多目标全局采样算法对应的最小透明度绝对误差四分位数仅为 0.1 左右，远低于参与比较的另两个采样算法。该实验结果表明像素级多目标全局采样算法有效缓解了最优前景/背景

像素对丢失的问题。图 1-3b 为像素级多目标全局采样算法及其他两个先进像素采样算法在 27 幅图像上对应候选像素对集合的基数的箱线图。图中每一个立柱描述了一个采样算法在基准数据集中一幅图像的所有未知像素对应的候选像素对集合基数的分布情况。此外，从图 1-3b 中可以发现，像素级多目标全局采样算法以及基于 KL 散度的采样算法获得的前景/背景像素对候选集基数较少，比综合采样算法获得的候选集基数低了一个数量级。该实验结果进一步说明了像素级多目标全局采样算法能使用较小的候选集涵盖针对不同未知像素的高质量的前景/背景像素对，实现精准的像素样本采集。

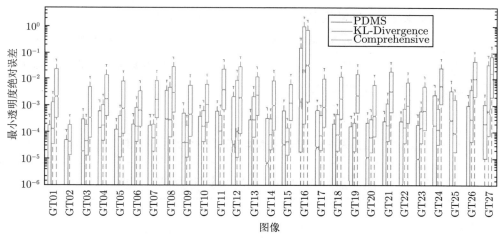

a）采样算法所获得的前景/背景像素对最小透明度绝对误差对比

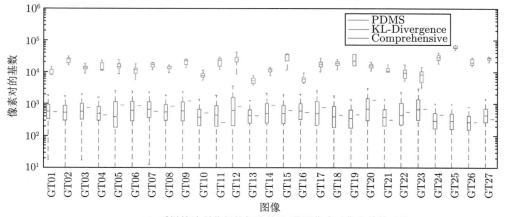

b）采样算法所获得的候选前景/背景像素对集合基数对比

图 1-3　像素级多目标全局采样算法与先进抠图像素采样算法定量比较实验结果（见彩插）

表 1-2、表 1-3 分别对三个像素采样算法的最小透明度绝对误差的第一、第二、第三分位数进行了比较和统计分析。表 1-3最后一列汇总了 27 幅图像中像素级多目标全局采样算法最小透明度绝对误差指标在该分位数占优及不占优的图像数量。与基于 KL 散度的采样算法相比，像素级多目标全局采样算法的最小透明度误差的第一、第二、第三分位数在所有参与实验的图像中均占优。与综合采样算法相比，像素级多目标全局采样算法的最小透明度误差第三分位数在所有参与实验的图像中均占优，其最小透明度绝对误差第一、第二分位数在大部分参与实验的图像中占优。

上述实验结果表明，像素级多目标全局采样算法生成的前景/背景像素对候选集具有基数小的优势，可获得较小的透明度绝对误差，且能适应在不同场景的图像中不同未知像素的变化。这一实验结果还说明了像素级多目标全局采样算法能精确地覆盖大部分未知像素的最优前景/背景像素对，具有较好的像素采样性能。

表 1-2   像素级多目标全局采样算法与现有像素采样算法的最小透明度误差分位数对比结果

采样算法 （分位数）	GT01	GT02	GT03	GT04	GT05	GT06	GT07	GT08	GT09	GT10	GT11	GT12	GT13	GT14
综合采样算法 （第一分位数）	+	+	−	+	+	+	+	+	−	+	−	+	+	−
综合采样算法 （第二分位数）	+	+	+	+	+	+	+	−	+	+	+	+	+	+
综合采样算法 （第三分位数）	+	+	+	+	+	+	+	+	+	+	+	+	+	+
基于 KL 散度 的采样算法 （第一分位数）	+	N/A	+	+	+	+	+	+	+	+	+	+	+	+
基于 KL 散度 的采样算法 （第二分位数）	+	N/A	+	+	+	+	+	+	+	+	+	+	+	+
基于 KL 散度 的采样算法 （第三分位数）	+	N/A	+	+	+	+	+	+	+	+	+	+	+	+

注：1. "＋"表示像素级多目标全局采样算法获得的最小透明度误差小于参与比较的采样算法。

2. "－"表示像素级多目标全局采样算法获得的最小透明度误差大于参与比较的采样算法。

3. 最小透明度绝对误差越小越好。

表 1-3 像素级多目标全局采样算法与现有像素采样算法的最小透明度误差分位数对比结果（续）

采样算法（分位数）	GT15	GT16	GT17	GT18	GT19	GT20	GT21	GT22	GT23	GT24	GT25	GT26	GT27	+/−
综合采样算法（第一分位数）	−	+	−	+	+	+	+	+	+	−	−	+	+	19/8
综合采样算法（第二分位数）	+	+	+	+	+	+	+	+	+	−	−	+	+	24/3
综合采样算法（第三分位数）	+	+	+	+	+	+	+	+	+	+	+	+	+	27/0
基于 KL 散度的采样算法（第一分位数）	+	+	+	+	+	+	+	+	+	+	N/A	+	+	25/0
基于 KL 散度的采样算法（第二分位数）	+	+	+	+	+	+	+	+	+	+	N/A	+	+	25/0
基于 KL 散度的采样算法（第三分位数）	+	+	+	+	+	+	+	+	+	+	N/A	+	+	25/0

注：1. "+"表示像素级多目标全局采样算法获得的最小透明度误差小于参与比较的采样算法。

2. "−"表示像素级多目标全局采样算法获得的最小透明度误差大于参与比较的采样算法。

3. 最小透明度绝对误差越小越好。

为了进一步分析采样性能，实验中以 GT16 图像为例比较了三个像素采样算法所采集样本的分布情况。图 1-4展示了像素级多目标全局采样算法以及其他两个先进采样算法所获得像素样本的分布情况。图中未知像素用"+"标注，各个采样算法采集到的前景像素样本与背景像素样本分别用红色及蓝色点表示。前景/背景像素对候选集中透明度绝对误差最小的像素对用浅红色与浅蓝色标注。在这个例子中，未知像素对应的最优前景/背景像素对使得颜色相近与空间距离相近的采样准则冲突。如图 1-4c 所示，虽然综合采样算法采集了大量的样本，但是其未能采集到蓝色旗子的前景样本，造成了最优前景/背景像素对丢失问题。如图 1-4a、图 1-4b 所示，像素级多目标全局采样算法与基于 KL 散度的采样算法均能采集到蓝色旗子样本，像素级多目标全局采样算法所采集的样本更接近于未知像素的颜色，其对应的最小透明度绝对误差为 0.37，远小于基于 KL 散度的采样算法所对应的最小透明度绝对误差 0.89。该实验结果说明了与现有的采样算法相比，像素级多目标全局采样算法可采集更准确的前景/背景像素对。

　　a）像素级多目标全局采样算法　　　　b）基于KL散度的采样算法　　　　　c）综合采样算法

图 1-4　像素级多目标全局采样算法与其他两个先进像素采样算法获得的像素样本分布对比（见彩插）

　　本实验表明像素级多目标全局采样算法可自适应地为不同的未知像素提供一个基数较小但能获得较低最小透明度绝对误差的前景/背景像素对候选集合。像素级多目标全局采样算法兼具基于 KL 散度的采样算法前景/背景像素对候选集合基数小以及综合采样算法前景/背景像素对候选集合对应最小透明度误差小的优点。即便在多个采样准则存在冲突的情况下，像素级多目标全局采样算法依然能自适应权衡多个准则，覆盖最优的前景/背景像素对，有效缓解了最优前景/背景像素对丢失问题。

（2）基于像素级多目标全局采样的抠图算法性能验证实验

　　本实验将利用 Rhemann 等人提出的抠图透明度遮罩客观评价基准数据集[11]的在线测试，实现对基于像素级多目标全局采样的抠图算法所获得的抠图透明度遮罩的客观定量分析，验证基于像素级多目标全局采样算法对抠图性能提升的影响。

　　在本实验中采用梯度误差性能指标，定量评价所获得的抠图透明度遮罩，选用该指标的原因在于 Rhemann 等人指出梯度误差与绝对误差之和、均方误差相比更能接近于主观评价的结果[11]。因此，使用该指标可获得更准确的客观评价结果，梯度误差越小说明抠图透明度遮罩质量越好。

　　为了验证像素级多目标全局采样算法的可扩展性，双目标及三目标两个版本的基于像素级多目标全局采样的抠图算法参与了本次实验。其中，双目标版本包括颜色及空间距离相近两个目标，三目标版本包括颜色、空间距离以及纹理特征相近三个目标。为了验证像素级采样策略的有效性，我们提出将像素级多目标全局采样算法中的像素级采样策略替换成现有算法所使用的超像素级采样策略，得到基于超像素级多目标全局采样的抠图算法（Superpixel-level Discrete Multiobjective Sampling, SDMS），并在实验中将其与基于像素级多目标全局采样的抠图算法进行比较。本实验通过 Achanta 等人提出的 SILC 算法 [12] 将像素聚类为超像素实现超像素级采样策略。其中，所涉及的经验参数设置与文献 [6] 一致。除了以上三种与像素级多目标全局采样算法相关的抠图算法外，我们将近年来提出的八种先进抠图算法，即基于稀疏编码的抠图算法 [8]、基于像素块的抠图算法 [13]、基于 KL 散度采样的抠图算法 [7]、基于综合采样的抠图算法 [6]、基于颜色与纹理特征加权的抠图算法 [5]、K 近邻抠图算法 [14]、基于全局采样的抠图算法 [3]、基于共享的抠图算法 [15] 作为测试的基准。

现有的抠图算法采用了抠图预处理与后处理流程提高其估计的抠图透明度遮罩的质量。抠图预处理通过扩大已知区域、减小未知区域的方式获得更多的已知信息，从而提高抠图质量，文献 [16] 详细讨论了不同预处理算法的作用。基于采样的抠图算法没有考虑像素之间的局部平滑特性，抠图后处理可以使其获得的抠图透明度遮罩更加平滑。考虑到现有的基于采样的抠图算法均采用了预处理和后处理来提高抠图的质量，为了保证比较的公平性，基于像素级多目标全局采样的抠图算法以及基于超像素级多目标全局采样的抠图算法采用了基于综合采样的抠图算法所使用的预处理及后处理方法，参数设置也与其保持一致。下面简单介绍所使用的预处理及后处理方法。预处理算法通过比较已知区域像素与未知区域边缘处的像素的相似性，扩展三分图的已知区域。给定一个已知前景区域的像素 p，当未知区域的像素 z 满足以下条件时，未知像素 z 将被扩展为已知前景像素：

$$条件 1 : \|\boldsymbol{S}_p - \boldsymbol{S}_z\| < t_E, \ p \in \Omega_F$$
$$条件 2 : \|\boldsymbol{C}_p - \boldsymbol{C}_z\| < t_C, \ p \in \Omega_F \tag{1-12}$$

其中，$\boldsymbol{C}_p$、$\boldsymbol{S}_p$ 分别表示像素 p 的 RGB 空间颜色向量及空间距离向量。t_C、t_E 分别为颜色与空间距离特征的阈值，本实验中按照文献 [6] 的推荐将其均设为 9。在抠图后处理中，估计的抠图透明度遮罩通过最小化一个包含拉普拉斯平滑项（Laplacian Smoothness Term）的目标函数从而获得更精确的抠图透明度遮罩。下式给出后处理涉及的目标函数的数学描述：

$$\alpha = \arg\min \alpha^{\mathrm{T}} \mathrm{L}\alpha + \lambda(\alpha - \hat{\alpha})^{\mathrm{T}} \Lambda(\alpha - \hat{\alpha}) + \gamma(\alpha - \hat{\alpha})^{\mathrm{T}} \Gamma(\alpha - \hat{\alpha}) \tag{1-13}$$

其中，λ 为数值较大的常数，取值为 1000。γ 为控制数据项与平滑项之间权重的参数，取值为 0.1。Λ 与 Γ 均为对角矩阵。Λ 中对应于已知区域像素的对角元素取 1，对应于未知区域像素的对角元素取 0。Γ 中对应于已知区域像素的对角元素取 0，对应于未知区域像素的对角元素取其目标函数值。

实验中使用了未知区域较大、未知区域较小以及人工标记的三种类型的三分图。对每一种类型的三分图，分别计算抠图算法在测试集中每个图像所获得的抠图透明度遮罩与标准透明度遮罩之间的梯度误差，并以所有图像的平均梯度误差作为抠图算法在对应类型三分图上的性能指标。通过取三种类型三分图对应的平均梯度误差的平均值，得到总体的平均梯度误差评价指标。

表 1-4 汇总了参与实验的 11 个抠图算法在在线图像抠图基准数据集 [11] 的 7 幅测试图像上对应不同类型三分图以及总体的平均梯度误差。如表 1-4 中所示，两种版本的基于像素级多目标全局采样的抠图算法（双目标采样与三目标采样）均显著改善了所估计的抠图透明度遮罩的梯度误差，两种版本的基于像素级多目标全局采样的抠图算法在总体梯度误差比较汇总分别排名第一（三目标版本）和第二（双目标版本）。三目标采样版本的基于像素级多目标全局采样的抠图算法，在未知区域较大的三分图以及人工标记的三分图的平均梯度误差比较中均排名第一。基于像素级多目标全局采样的抠图算法在三目标版本上梯度误差性能优于双目标版本。该实验结果一方面说明了基于像素级多目标全局采样的抠图算法可以通过考虑更多的采样准则提高采样性能，另一方面也说明了像素级多目标全局采样算法可以自适应地权衡多个采样准则获得高质量的像素样本。此外，基于超像素级多目标全局采样的抠图算法的梯度误差显著高于基于像素级多目标全局采样的抠图算法的梯度误差，该结果反映了超像素采样造成了最优前景/背景像素对丢失的问题，从而导致抠图性能显著下降。

图 1-5给出了不同抠图算法获得的抠图透明度遮罩的比较。图 1-5a 为输入图像，图 1-5b 为图 1-5a 中黄色框区域的局部放大图像，图 1-5c 为基于像素级多目标全局采样的抠图算法获得的抠图透明度遮罩局部放大图像，图 1-5d 为基于稀疏编码的抠图算法获得的抠图透明度遮罩局部放大图像，图 1-5e 为基于 KL 散度采样的抠图算法获得的

表 1-4　基于像素级多目标全局采样的抠图算法及现有先进抠图算法在在线图像抠图基准数据集的 7
幅测试图像上的梯度误差

抠图算法	总体的平均梯度误差	平均梯度误差（未知区域较小的三分图）	平均梯度误差（未知区域较大的三分图）	平均梯度误差（人工标记的三分图）
基于像素级多目标全局采样的抠图算法（三目标）	**11.3**	13.6	**9.8**	10.4
基于像素级多目标全局采样的抠图算法（双目标）	12.1	12.5	12.3	11.6
基于超像素级多目标全局采样的抠图算法（双目标）	28.7	29.9	29.5	26.9
基于稀疏编码的抠图算法	14.8	12	13.6	18.9
基于像素块的抠图算法	15.1	**11.3**	14.9	19.1
基于 KL 散度采样的抠图算法	15.2	13.0	14.4	18.1
基于综合采样的抠图算法	16.6	16.5	17.0	16.3
基于颜色与纹理特征加权的抠图算法	27.3	25.9	26.8	29.3
K 近邻抠图算法	31.3	34.4	31.4	28.1
基于全局采样的抠图算法	25.9	23.1	26.8	27.8
基于共享的抠图算法	20.7	20.3	22.5	19.3

抠图透明度遮罩局部放大图像，图 1-5f 为 K 近邻抠图算法获得的抠图透明度遮罩局部放大图像，图 1-5g 为基于综合采样的抠图算法获得的抠图透明度遮罩局部放大图像，图 1-5h 为基于颜色与纹理特征加权的抠图方法获得的抠图透明度遮罩局部放大图像，图 1-5i 为基于全局采样的抠图算法获得的抠图透明度遮罩局部放大图像。图中的黄色箭头指示了抠图透明度遮罩误差较大的区域，与其他抠图算法相比，基于像素级多目标全局采样的抠图算法获得了边缘更锐利的高质量抠图透明度遮罩。该视觉比较结果与抠图透明度遮罩的客观定量比较结果相一致。基于像素级多目标全局采样的抠图算法可获得边缘更锐利的抠图透明度遮罩的原因主要在于其采用了像素级采样策略。前景物体的边缘处经常包含阴影及高光。由于已知前景或背景像素阴影及高光区域面积很小，因此在超像素级采样中超像素的平均颜色不能代表阴影及高光的颜色。超像素采样的像素聚类过程往往造成最优的前景/背景像素对的丢失，导致估计的抠图透明度遮罩在前景边缘区域出现较大的误差。像素级多目标全局采样算法舍弃了像素聚类操作，每一个像素

均可以采集为样本。多目标优化可自适应地权衡不同的采样准则，即便在多个采样准则发生冲突的情况下依然能采集高质量的像素样本。

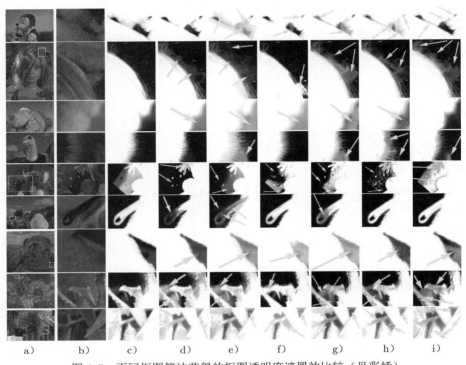

| a) | b) | c) | d) | e) | f) | g) | h) | i) |

图 1-5   不同抠图算法获得的抠图透明度遮罩的比较（见彩插）

  然而，基于像素级多目标全局采样的抠图算法也存在一些局限。如图 1-6所示，图 1-6a 为输入图像，图 1-6b 为图 1-6a 中黄色框区域局部放大图像，图 1-6c 为基于像素级多目标全局采样的抠图算法获得的抠图透明度遮罩局部放大图像，图 1-6d 为基于稀疏编码的抠图算法获得的抠图透明度遮罩局部放大图像，图 1-6e 为基于 KL 散度采样的抠图算法获得的抠图透明度遮罩局部放大图像，图 1-6f 为 K 近邻抠图算法获得的抠图透明度遮罩局部放大图像，图 1-6g 为基于综合采样的抠图算法获得的抠图透明度遮罩局部放大图像。在前景、背景颜色分布重合的情况下，未知像素的颜色既可以由前景像素样本表示，也可以由背景像素样本表示。基于像素级多目标全局采样的抠图算法所采用的评价函数不能在该情况下准确地选择最优的前景/背景像素对，导致抠图透明度遮罩估计的误差。

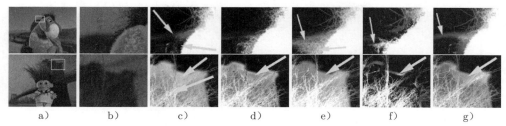

图 1-6　基于像素级多目标全局采样的抠图算法的局限性（见彩插）

1.1.3　小结

本节围绕基于优化的免采样抠图技术存在的抠图速度慢以及基于采样的抠图算法存在的抠图精度低问题，介绍了基于多目标优化采样的抠图算法。不同于现有采样策略假设最优像素对可能落在特定区域，像素级多目标全局采样利用多目标优化，为每个未知像素提供了可逼近像素对评价函数最优解的样本集合，克服了现有算法因假设不满足所导致的最优像素对丢失问题；通过基于优化的抠图技术与基于采样的抠图技术的有机结合，既保留了基于优化的抠图技术精度高的优点，也保留了基于采样的抠图技术速度快的优点。本节揭示了多个采样准则存在的冲突以及超像素级采样会导致最优像素对丢失的原因，并提出了采用无参数的像素级多目标全局采样算法来解决这两个问题。其中，多目标采样策略以及像素级采样策略是该算法的核心。多目标采样策略用于解决多个采样准则之间的冲突问题，该策略将抠图多准则采样问题建模为离散多目标优化问题，并将多目标优化问题所有的帕累托最优解作为像素样本。通过多目标优化同时最小化已知像素与未知像素的颜色、空间距离以及纹理差别实现对多个采样准则的自适应权衡，使其在采样准则冲突的情况下依然能采集到高质量的像素样本。多目标采样策略易于实现且可扩展到更多的采样准则。而像素级采样策略则避免了采样空间不完整的影响，该策略将采样空间扩展到所有已知前景、背景像素构成的集合，使得已知区域的每个像素均能被采集为像素样本。实验结果表明，像素级多目标全局采样算法所采集的像素对候选集基数较小且可获得较小的最小透明度绝对误差。在像素级多目标全局采样算法基础上，文献 [185] 提出了基于像素级多目标全局采样的抠图算法。抠图透明度误差的客观定量对比以及视觉对比实验表明该抠图算法在前景目标边缘区域的梯度误差显著低于现有的抠图算法，可获得边缘锐利的高质量抠图透明度遮罩，且计算耗时与现有的基于采样的抠图算法无显著差异。

1.2　模糊逻辑与进化计算的"强强联合"

1.2.1　研究进展简述

抠图是一种通过估计前景不透明度来实现精确提取前景的图像、视频处理技术，在图像合成、视频后期制作、虚拟现实等许多领域拥有着广阔的应用前景。在抠图问题中，像素对直接决定了未知像素的透明度，像素对选择是抠图的核心问题。基于启发式优化的抠图技术提供了一个实现像素对优化问题全局搜索的可行的解决方案。在该技术中，像素对选择是核心环节，其主要包括像素对评价与像素对优化两个部分，所面临的优化精度较低的问题也主要反映在这两个部分。

像素对评价的目标是准确地定量度量像素对的质量。高质量的像素对对应的未知像素透明度值接近于标准抠图透明度遮罩中的对应值。像素对评价的难点在于评价过程中标准的抠图透明度遮罩是未知的，像素对评价需要对前景物体的形状、颜色、光照、场景等变化鲁棒。研究人员已经提出了低颜色失真 [2]、空间距离相近 [3]、纹理相似 [5] 等多种像素对评价准则。最近的像素对评价方法采用多个评价准则来提高评价的准确性。这些评价方法的评价函数往往包含多个评价项，每个项对应一个评价准则。多个评价准则项采用线性加权的方式 [3,17] 或简单的非线性组合的方式（例如，将多个评价项相乘）[5-7] 构建像素对评价函数。评价方法存在一个潜在的假设：多个像素对评价准则可以同时被满足。然而，在复杂的情况下该假设不一定能成立。例如，在最优的前景像素靠近未知像素、最优的背景像素远离未知像素的情况下，虽然前景像素满足空间距离相近评价准则，最优的背景像素却难以满足该准则。由于评价准则满足程度的不确定性，在该情况下现有的评价方法往往不能提供准确的评价。目前的评价方法依然不能处理多准则满足程度的不确定性。

像素对优化是像素对选择中的一个挑战。一方面由于待优化的目标函数包含多个满足程度不确定的评价准则，像素对优化问题是一个复杂的组合优化问题，另一方面该问题搜索空间巨大且涉及的决策变量数量大，使得像素对优化的难度陡增。现有的研究通过采样的方式对搜索空间进行缩减，实现对像素对优化问题的近似求解[2-3,6-7,15]。虽然经采样后优化问题的搜索空间大幅减少，基于采样的抠图算法具有计算复杂度较低的优点，但是这类算法的主要缺点在于由于抠图场景、光照等因素的改变，其不可避免地存在丢失最优样本的问题。为了解决该问题，最近的研究将像素对优化问题建模为大规模连续优化问题，通过大规模启发式优化技术实现了免采样的像素对全局搜索。由于这类算法不需要采样，因此，其在理论上完全避免了丢失最优样本的问题，现有的基于启发式优化的免采样抠图算法直接对包含多个评价项组合而成的像素对评价函数进行优化。由于每个评价项的启发式信息在组成目标函数的过程中被隐去，现有的算法在优化过程中未能充分利用每个评价项所提供的启发式信息，单个评价项所提供的启发式信息往往能引导启发式优化算法跳出局部最优解，逼近全局最优解。图 1-7 给出了一个例子。在该例子中三个评价项组成了复杂的多准则的评价函数，合成后的多准则的评价函数

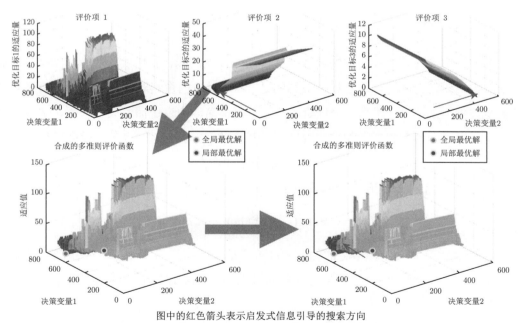

图中的红色箭头表示启发式信息引导的搜索方向

图 1-7　多准则评价函数中单个评价项提供启发式信息引导启发式优化算法跳出局部最优解逼近全局最优解的例子（见彩插）

缺少足够的启发式信息，难以跳出局部最优解。评价项 2 所提供的启发式信息，可引导启发式优化算法从局部最优解向全局最优解逼近。目前鲜有将单目标优化问题多目标化的研究，即将多准则单目标优化问题转化为多目标优化问题进行求解。Knowles 等人 [18] 提出了两个将单目标优化问题多目标化的途径：额外设计一个与原问题搜索空间相同的优化目标；通过将决策变量分组的方式将原优化问题分解成多个子优化问题。Greiner 等人 [19] 受到 Knowles 等人的工作启发，为框架结构的优化问题设计了一个辅助优化目标。考虑到高质量像素对特征的不确定性，能提供丰富的启发式信息的辅助优化目标设计难度很大，设计辅助优化目标的途径并不适合多评价准则的像素对优化问题。虽然基于分组的多目标化方法可以减少优化问题的复杂度，但是这种方法依然未能充分利用单个评价项的启发式信息。

1.2.2　科学原理

1. 问题描述

本节介绍涉及多评价准则的像素对评价函数优化问题，并提供其数学模型。与之前讨论的大规模像素对优化问题模型不同的是，本节讨论的像素对优化问题的评价函数涉及多个评价准则，包含不止一个评价项。为了提供简洁的表达而不失一般性，本节将多准则像素对评价函数建模为与评价准则一一对应的多个评价项的组合。设多准则评价函数涉及 N_{obj} 个评价项，$h_k^i(x)$ 表示在第 k 个未知像素上第 i 个评价准则对应的评价项，$i = 1, 2, \cdots, N_{\text{obj}}$，在第 k 个未知像素上的多准则评价可以建模为：

$$g_k(x_k) = H(h_k^1(x_k), h_k^2(x_k), \cdots, h_k^{N_{\text{obj}}}(x_k)) \tag{1-14}$$

其中，x_k 表示第 k 个未知像素的像素对决策变量，$H(h_k^1(x_k), h_k^2(x_k), \cdots, h_k^{N_{\text{obj}}}(x_k))$ 表示通过线性或非线性的方式对 N_{obj} 个评价项的组合。多评价准则的像素对组合优化问题模型为：

$$G(X) = \sum_{k=1}^{c} H(h_k^1(x_k), h_k^2(x_k), \cdots, h_k^{N_{\text{obj}}}(x_k)) \tag{1-15}$$

其中 X 表示针对整个图像的像素对优化问题的决策变量，$X = (x_1, x_2, \cdots, x_N)^{\text{T}}$，$N$ 表示给定抠图问题中未知像素的数量。

2. 基于模糊多准则评价与分解的多目标协同优化抠图算法

针对像素对评价准则满足程度的不确定性以及现有的基于启发式优化抠图算法面临的搜索精度较低的问题，文献 [186] 提出了基于模糊多准则评价与分解的多目标协同优化抠图算法。该算法包括模糊多准则评价方法以及基于分解的多目标协同优化算法两个部分。考虑到模糊数学可有效处理多输入输出系统的不确定性 [20]，模糊多准则评价方法将每个评价准则建模为一个模糊隶属度函数，采用模糊逻辑运算将多个评价准则的隶属度函数合成为模糊多准则的像素对评价函数。基于分解的多目标协同优化算法基于变治法思想。该算法将多准则的像素对评价函数分解为评价准则与优化目标一一对应的多个单目标函数。通过将多个优化目标建模为多目标优化问题，采用多目标优化技术对多个单目标同时进行优化，从而充分利用每个评价准则的启发式信息。最后使用模糊多准则评价方法从帕累托解集中选择出最优的像素对。下面分别对模糊多准则像素对评价方法以及基于分解的多目标协同优化算法进行介绍。

（1）模糊多准则像素对评价方法

本节针对像素对评价准则满足程度的不确定性提出了模糊多准则像素对评价方法。通过评估其属于高质量像素对集合的模糊隶属度，实现对像素对的模糊多准则评价。高质量像素对的特征是不确定的，这里提出将三个广泛使用的评价准则建模为三个隶属度函数，并通过模糊逻辑运算度量像素对隶属于高质量像素对集合的程度。

下面介绍三个像素对评价准则及建模后的隶属度函数。第一个评价准则为重建颜色误差准则。该评价准则用于评价像素对能否通过前景颜色与背景颜色的非凸组合的方式有效重建未知像素的颜色。根据该准则，下面通过度量像素对对应的合成颜色与观测颜色之间的色彩失真建立了以下颜色隶属度函数：

$$h_k^1(x_k^{(F)}, x_k^{(B)}) = \exp\left(-\sigma_c \| \boldsymbol{C}_k^{(U)} - \hat{\alpha} \boldsymbol{C}_{x_k^{(F)}}^{(F)} - (1 - \hat{\alpha}) \boldsymbol{C}_{x_k^{(B)}}^{(B)} \|\right) \tag{1-16}$$

其中 $\boldsymbol{C}_k^{(U)}$、$\boldsymbol{C}_{x_k^{(F)}}^{(F)}$、$\boldsymbol{C}_{x_k^{(B)}}^{(B)}$ 分别表示第 k 个未知像素的 RGB 空间颜色向量以及像素对 $(x_k^{(F)}, x_k^{(B)})$ 中前景像素、背景像素的 RGB 空间颜色向量。σ_c 为颜色惩罚系数，取值为 0.11。惩罚系数越大表示对违反评价准则的惩罚力度越大。由于抠图的数学模型假设图像中所有像素的颜色均为一个前景颜色与一个背景颜色的非凸组合，因此，所有的未知像素均应满足重建颜色误差准则，重建颜色误差评价准则适用于所有的未知像素。所采用的第二、第三个准则分别为前景像素、背景像素空间距离准则。空间距离准则建立在经验性的假设之上——合成未知像素颜色的前景与背景物体通常位于距离未知像素空间较近的位置。针对这两个评价准则，我们分别设计了前景像素空间位置隶属度函数及背景像素空间位置隶属度函数，分别由式 (1-17) 及式 (1-18) 给出。

$$h_k^2(x_k^{(F)}, x_k^{(B)}) = \exp\left(-\sigma_s \|\boldsymbol{S}_k^{(U)} - \boldsymbol{S}_{x_k^{(F)}}^{(F)}\|^2\right) \tag{1-17}$$

$$h_k^3(x_k^{(F)}, x_k^{(B)}) = \exp\left(-\sigma_s \|\boldsymbol{S}_k^{(U)} - \boldsymbol{S}_{x_k^{(F)}}^{(B)}\|^2\right) \tag{1-18}$$

其中 $\boldsymbol{S}_k^{(U)}$ 表示第 k 个未知像素空间坐标向量。$\boldsymbol{S}_{x_k^{(F)}}^{(F)}$ 及 $\boldsymbol{S}_{x_k^{(B)}}^{(B)}$ 分别表示第 k 个未知像素对应的像素对中前景、背景像素的空间坐标向量。σ_s 为空间位置惩罚系数，取值为 0.17。像素空间距离准则适用于前景物体内部没有孔洞的抠图任务。当前景物体内部有孔洞时，前景像素、背景像素空间距离准则往往不能同时满足。图 1-8 给出了一个例子。图中红色、蓝色实线分别表示三分图中已知前景区域及已知背景区域的边缘，黄色星号表示未知像素，该像素对应的最优前景、背景像素分别由红色、蓝色星号标注。该例子中由于前景物体内部存在孔洞的原因，未知像素的最优背景像素到未知像素的空间距离较远，最优的像素对满足前景像素空间距离准则，而不满足背景像素空间距离准则。同理，可给出最优的像素对满足背景像素空间距离准则而不满足前景像素空间距离准则的例子。

图 1-8　前景、背景像素空间距离准则不能同时满足的例子（见彩插）

模糊多准则像素对评价方法使用模糊聚合运算将多个隶属度函数的值合并为像素

对的适应值。高质量的像素对可能不能同时高度满足两个空间位置准则（即特定情况下其中一个像素可能会在空间上远离未知像素）。为了处理高质量像素对满足空间准则的不确定性，模糊多准则评价方法采用了平均聚合运算合并两个空间准则的隶属度值，减少了其中一个空间位置准则满足程度较低的情况下像素对的评价误差。设 a、b 为两个隶属度值，平均聚合运算可以表示为：

$$f_1(a,b) = 0.5 \cdot (a+b) \tag{1-19}$$

聚合后的模糊空间隶属度将与颜色隶属度合并产生最终的像素对的适应值。考虑到爱因斯坦乘积运算 [21] 可以较好地近似模糊子集的代数乘积$^\ominus$，采用爱因斯坦乘积运算将颜色隶属度值与聚合后的模糊空间隶属度进一步聚合。爱因斯坦乘积运算的定义由下式给出：

$$f_2(a,b) = \frac{a \cdot b}{1 - (1-a) \cdot (1-b)} \tag{1-20}$$

综上所示，模糊多准则像素对评价函数可以表示为：

$$g_k(i,j) = f_2\left(h_k^1(i,j), f_1\left(h_k^2(i,j), h_k^3(i,j)\right)\right) \tag{1-21}$$

将式 (1-19)、式 (1-20) 及式 (1-21) 合并可得：

$$g_k(i,j) = \frac{h_k^1(i,j) \cdot 0.5(h_k^2(i,j) + h_k^3(i,j))}{1 - (1 - h_k^1(i,j)) \cdot (1 - 0.5 \cdot (h_k^2(i,j) + h_k^3(i,j)))} \tag{1-22}$$

（2）基于分解的多目标协同优化算法

为了充分利用多准则像素对评价函数中每个准则所提供的启发式信息，本节介绍了基于分解的多目标协同优化算法。现有的基于启发式优化的免采样抠图算法，使用面向单目标优化的大规模启发式优化算法，直接对包含多个评价项的多准则目标函数进行优化。然而，如图 1-7所示，在多个评价项聚合产生适应值的过程中，丢失了单个评价项优化过程中产生的启发式信息，该信息可以使启发式优化算法在迭代过程中引导种群跳出局部最优解并向全局最优解逼近。基于分解的多目标协同优化算法的基本思想是将多准则像素对优化问题转换为每个准则对应一个优化目标的多目标问题，这种分解策略不

$\ominus$　设 $A = \int \mu_A(x)/x$、$B = \int \mu_B(y)/y$ 为两个对应确定集合 Z 的模糊子集，$\mu_A(x)$、$\mu_A(x)$ 为模糊隶属度函数，$*$ 表示作用在确定集合 Z 上的二值运算，则 $*$ 可以扩展为模糊集 A、B 的代数乘积运算 [22]：$A * B = (\int \mu_A(x)/x) * (\int \mu_B(x)/x) = \int(\mu_A(x) \wedge \mu_A(y))/(x*y)$，其中 $\wedge$ 表示取极小值的运算。

仅可以在优化过程中充分利用每一个评价项产生的启发式信息，而且可以利用现有的成熟的多目标优化技术。图 1-9展示了基于分解的多目标协同优化算法的基本流程。

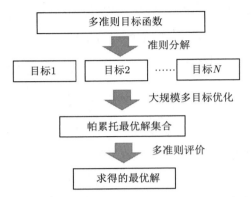

图 1-9　基于分解的多目标协同优化算法的基本流程

基于分解的多目标协同优化算法主要分为三个步骤：

1）使用多准则评价函数分解优化策略，将多准则单目标的评价函数以平均准则为单位分解为多个单准则单目标的函数。

2）使用多目标启发式优化算法，对多个单准则单目标函数同时进行优化，在优化的过程中，通过对决策变量进行邻域分组将问题分解为多个子问题，并依据子问题之间的相关性实现子问题之间的协同优化。基于分解的多目标协同优化算法基于分而治之的思想，将决策变量依据未知像素空间相关性对其进行分组，并通过组内最优像素对竞争的方式优化算法求得的解，实现了高效的像素对优化问题求解。

3）使用模糊多准则评价方式，对步骤 2）所求得的多目标优化问题的帕累托最优解集中的像素对逐一评价，并选择最优的像素对。

算法 1-2给出了基于分解的多目标协同优化算法的具体实现方法。其中 Γ 为经多准则分解后的优化目标集合，Λ_i 表示求得的第 i 个子问题的帕累托最优解，x_{best}^i 表示算法迭代过程中第 i 个子问题的当前最优解，x_m^i 表示第 i 个子问题帕累托最优解中的第 m 个解，O 表示基于邻域分组的协同多目标优化算法，MOO 表示多目标优化算法，rand() 表示随机实数生成器，生成的随机数范围为 $[0,1]$。

算法 1-2　　基于分解的多目标协同优化算法伪代码

输入： 多准则像素对评价函数 $G(X) = \sum_{k=1}^{c} H\left(h_k^1(X), h_k^2(X), \cdots, h_k^{N_{obj}}(x_k)\right)$.

输出： 求得的像素对解 X_{best}

// 多准则分解：

1: $\Gamma \leftarrow \emptyset$

2: **for** $i = 1$ to N_{obj} **do**

3: 　$\Gamma \leftarrow \Gamma \cup h_k^i(X)$

4: **end for**

// 多目标优化：

5: $\{\Lambda_1, \Lambda_2, \cdots, \Lambda_N\} \leftarrow O(\Gamma, MOO, 1)$

// 多准则像素对评价：

6: **for** $i = 1$ to N **do**

7: 　$x_{best}^i \leftarrow rand()$

8: 　**for** $m = 1$ to $|\Lambda_i|$ **do**

9: 　　**if** $g_i(x_m^i) < g_i(x_{best}^i)$ **then**

10: 　　　$x_{best}^i \leftarrow x_m^i$

11: 　　**end if**

12: 　**end for**

13: **end for**

14: $X_{best} \leftarrow \left(x_{best}^1, x_{best}^2, \cdots, x_{best}^N\right)$

15: **return** X_{best}

　　下面分别对基于分解的多目标协同优化算法所涉及的多准则评价函数分解优化策略以及基于邻域分组协同多目标优化策略进行具体的介绍。

　　不同于现有工作，基于分解的多目标协同优化算法通过多准则评价函数分解优化策略，将复杂的多准则单目标优化问题转化为一个多目标优化问题。该策略将模糊多准则像素对评价函数中每一个对应于一个评价准则的评价项均转换为一个优化目标，将所有评价准则对应的优化目标建模为一个多目标优化问题。模糊多准则像素对评价中的每一个评价项均被建模为与适应值正相关的优化目标，与适应值负相关的评价项可通过乘以 -1 的形式转换为正相关的优化目标。单个优化目标在优化过程中能提供丰富的启发式信息，引导启发式优化算法逼近最优解。通过多目标优化对每一个准则对应目标的优化，可以充分利用单个准则所提供的启发式信息，提高启发式优化算法的性能。

基于分解的多目标协同优化算法，采用基于邻域分组协同多目标优化策略，求解经多准则评价函数分解后产生的大规模多目标优化问题。大规模优化问题通常面临着维度灾难问题——随着决策变量维数的增加，搜索空间呈指数级增大。将决策变量分组已经被证明为可有效地求解大规模优化问题的策略。为了提高像素对的优化效率，本节利用图像局部平滑特性，提出了基于邻域分组协同多目标优化策略。该策略包括邻域分组以及多目标协同优化两个步骤。图 1-10给出了基于邻域分组协同多目标优化策略的框图。

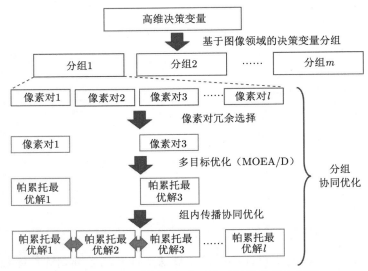

图 1-10　基于邻域分组协同多目标优化策略框图

我们注意到，在一个局部区域内的未知像素所对应的最优像素对变化很小[14,23-25]，本节将该特性称为图像的局部平滑特性。文献 [186] 提出的分组策略在该特性的基础上，实现了基于强空间相关性的决策变量高效分组。具体来讲，给定一个未知像素，在以该点为中心的 9×9 区域内的未知像素所对应的像素对决策变量被划分为一组。与现有的面向黑盒优化的分组策略不同，该分组策略利用自然图像抠图的先验知识——局部平滑特性实现了快速而准确的决策变量分组。面向黑盒优化的分组方法会耗费大量计算资源进行分组，与现有的通用分组方法相比，该分组策略节约了有限的计算资源。

在多目标协同优化的过程中，在每一个分组中等间距选择部分未知像素对应的像素对进行独立的优化。未知像素的采样间距设置为一个像素。采用多目标优化算法对选中的未知像素对应的像素对逐一进行独立优化。为了利用现有的以非支配排序遗传算法[26]、基于分解的多目标进化算法[27] 为代表的具有较强寻优能力的多目标连续优化算法，像素对组合优化问题被松弛为连续问题，即决策空间由 $\{1, 2, \cdots, |\Omega_F|\}^c \times \{1, 2, \cdots, |\Omega_B|\}^c$ 映射为 $[1, |\Omega_F|]^c \times [1, |\Omega_B|]^c$。连续空间中所求得的解，通过四舍五入运算映射到离散的空间中，实现像素对的评价。将多准则单目标优化问题分解为多个单目标优化问题，是为了充分利用每一个评价准则所提供的启发式信息，提高启发式优化算法的寻优能力。基于分解的多目标协同优化算法，采用了 Zhang 等人提出的基于分解的多目标进化算法[27] 独立求解选中的多目标优化问题。基于分解的多目标进化算法，通过对多个目标加权等方式，将多目标优化问题分解为多个单目标优化子问题，并对子问题同时进行优化[27]。基于分解的多目标进化算法的机制，决定了部分子问题与单个准则对应的单目标优化问题相同，同时部分子问题可能与多准则优化问题高度相似。前者可以充分利用单个准则提供的启发式信息，后者保证了种群优化目标与像素对多准则评价目标一致。在求得分组后的每个子问题的帕累托最优解后，对任意未知像素取对应分组内所有子问题的帕累托最优解进一步进行"竞争"，移除被支配的解，产生组内最优的帕累托最优解集。基于邻域分组协同多目标优化算法，具体实现如算法 1-3 所示。其中 $\mathcal{N}(S_i^{(U)}, S_j^{(U)})$ 为空间邻域的指示函数，当 $S_j^{(U)}$ 为 $S_j^{(U)}$ 邻域时函数值为真，否则为假。Sub_j 表示未知区域像素 j 的像素对优化子问题。

算法 1-3　　基于邻域分组协同多目标优化算法

输入： 多目标优化问题 MOP、多目标优化算法 MOO、未知像素采样间隔 ρ

输出： 各个像素对优化子问题的帕累托最优解集 $\{\Lambda_1, \Lambda_2, \cdots, \Lambda_N\}$

1: **for** $i = 1$ to N **do**
2:　　//邻域像素对分组
3:　　$\Omega_N \leftarrow \emptyset$
4:　　**for** $j = 1$ to N **do**
5:　　　　**if** $\mathcal{N}(S_i^{(U)}, S_j^{(U)})$ **then**
6:　　　　　　$\Omega_N \leftarrow \Omega_N \cup j$
7:　　　　**end if**

```
 8:      end for
 9:      //优化分组内冗余选择的子问题
10:      Λᵢ ← ∅
11:      for each j ∈ Ω_N do
12:          if 像素 j 的 x, y 坐标均可被 ρ 整除 then
13:              if Λⱼ = ∅ then
14:                  Λⱼ ← MOO(Subⱼ)
15:              end if
16:          end if
17:      end for
18:  end for
19:  //组内传播协同优化
20:  for i = 1 to N do
21:      if Λᵢ ≠ ∅ then
22:          for each j ∈ Ω_N do
23:              if Λⱼ = ∅ then
24:                  Λⱼ ← Λᵢ
25:              else
26:                  Λⱼ ← Λⱼ ∪ Λᵢ 的帕累托最优解的集合
27:              end if
28:          end for
29:      end if
30:  end for
```

在局部平滑性假设的前提下，对分组（即一个局部区域）内多个像素对的优化问题的解，可以通过求解一个像素对的优化问题的解近似得到。然而，考虑到随机算法的不稳定性以及像素对优化问题的复杂性，基于邻域分组协同多目标优化算法通过在分组中优化冗余的像素对提高产生抠图透明度遮罩的稳定性。邻域中不同未知像素优化得到的像素对之间的竞争改善了优化的质量并使所获得的抠图透明度遮罩更加平滑。

下面对基于邻域分组协同多目标优化算法的计算复杂度进行分析。分析过程中将子问题的优化作为基本运算，即对一个子问题进行优化的计算复杂度为 O(1)。由于只有坐标能被 ρ 整除的未知像素对应的子问题被选中进行优化，假设未知像素均匀分布在三分图中，子问题被选中的概率为 $\frac{\lfloor h/\rho \rfloor}{h} \cdot \frac{\lfloor w/\rho \rfloor}{w}$，其中 h 和 w 分别表示输入图像的长和宽。因为 $\frac{\lfloor h/\rho \rfloor}{h} \cdot \frac{\lfloor w/\rho \rfloor}{w} \leqslant \frac{h/\rho}{h} \cdot \frac{w/\rho}{w} = 1/\rho^2$，被选中子问题数量期望不大于 N/ρ^2，每个选中的子问题只优化一次，所以该算法的平均时间复杂度为 $\mathrm{O}(N/\rho^2)$，其中 ρ 的值不小于 1，所以时间复杂度可以表示为 $\mathrm{O}(N)$。

3. 实验结果与讨论

本节首先通过实验，选择基于模糊多准则评价与分解的多目标协同优化抠图算法中所需的适合的多目标优化算法，然后，通过 4 个实验验证基于模糊多准则评价与分解的多目标协同优化抠图算法的有效性。第一个实验展示了该算法采用不同多目标优化算法的性能稳定性。第二个实验用于验证模糊多准则像素对评价是否能有效处理多准则评价中的不确定性。第三个实验通过将基于分解的多目标协同优化算法与其他先进的大规模优化算法比较，验证其有效性。第四个实验验证基于模糊多准则评价与分解的多目标协同优化抠图算法是否能提供高质量的抠图透明度遮罩。

实验使用 Rhemann 等人提出的抠图基准数据集[11] 所提供的图像及三分图作为实验数据。该基准数据集提供了 35 幅彩色图像，每幅图像提供未知区域较大以及未知区域较小的两种对应的机器生成的三分图。其中 27 幅图像提供了标准的抠图透明度遮罩；其余 8 幅图像对应的标准抠图透明度遮罩不对外公开，用于在线的抠图算法性能评价，并对这 8 幅图像额外提供了人工标记的三分图。

模糊多准则像素对评价中颜色惩罚因子与空间惩罚因子分别设置为 0.11 和 0.17。未知像素采样间距 ρ 设置为 1。所有的实验均在配置为英特尔至强 E5 2.4GHz 中央处理器以及 32GB 内存的服务器上运行。所有参与实验的算法均使用 MATLAB 语言实现$^{\ominus}$。

（1）多目标优化算法选择实验

基于模糊多准则评价与分解的多目标协同优化抠图算法，将多准则单目标优化问题转化为多个单目标优化问题，通过多目标优化算法对多个准则同时进行优化。考虑到现有的研究已经提出了许多寻优能力强的多目标优化算法，该算法采用现有的多目标优化

$\ominus$　基于模糊多准则评价与分解的多目标协同优化抠图算法源程序见 https://github.com/yihuiliang/MOEA-MCD。

算法求解。本实验讨论采用不同的多目标优化算法,对基于模糊多准则评价与分解的多目标协同优化抠图算法的影响,验证该算法在使用不同多目标优化算法条件下的性能。

本实验选用了三个广泛使用的多目标优化算法:Zhang 等人提出的基于分解的多目标进化算法(Multiobjective Evolutionary Algorithm Based on Decomposition,缩写为 MOEA/D)[27]、Coello 等人提出的多目标粒子群优化算法(Multiple Objective Particle Swarm Optimization,缩写为 MOPSO)[28]、Deb 等人提出的快速精英非支配排序遗传算法(Fast Elitist Non-dominated Sorting Genetic Algorithm,缩写为 NSGA-Ⅱ)[26]。三个算法涉及的参数按对应文献推荐的来设置。为了全面展示不同算法对基于模糊多准则评价与分解的多目标协同优化抠图算法性能的影响,实验数据采用了 27 幅配有标准抠图透明度遮罩的图像以及对应的未知区域较大以及未知区域较小的两种类型的三分图。实验选用了均方误差定量评价所获得的抠图透明度遮罩。

表 1-5、表 1-6分别总结了基于模糊多准则评价与分解的多目标协同优化抠图算法采用不同多目标优化算法,在未知区域较大及未知区域较小的三分图上的抠图透明度遮罩均方误差。在未知区域较大的三分图中,使用基于分解的多目标进化算法的版本在

表 1-5 基于模糊多准则评价与分解的多目标协同优化抠图算法采用不同多目标优化算法使用未知区域较大的三分图获得的抠图透明度遮罩均方误差

图像名	GT01	GT02	GT03	GT04	GT05	GT06	GT07	GT08	GT09
MOEA/D	58.8	143.1	206.5	673.5	**89.2**	**141.1**	**54.7**	774.2	**116.9**
MOPSO	**56.5**	160.7	**178.8**	654.3	115.7	217.3	68.1	**757.5**	127.0
NSGA-Ⅱ	57.4	**139.7**	191.0	**637.1**	107.9	157.6	60.1	759.4	122.3

图像名	GT10	GT11	GT12	GT13	GT14	GT15	GT16	GT17	GT18
MOEA/D	**240.0**	381.3	99.9	463.1	**114.1**	299.3	2282.3	90.2	**89.9**
MOPSO	266.8	377.4	108.7	453.7	143.6	320.7	2734.1	109.5	121.2
NSGA-Ⅱ	244.5	**373.5**	**96.2**	449.5	117.8	**280.9**	2525.3	95.7	101.0

图像名	GT19	GT20	GT21	GT22	GT23	GT24	GT25	GT26	GT27
MOEA/D	**199.6**	**110.8**	826.4	**74.9**	**87.7**	648.6	**1786.2**	1689.5	2797.3
MOPSO	299.6	121.4	**790.5**	87.8	110.6	615.2	1844.6	1598.8	**2273.5**
NSGA-Ⅱ	240.6	111.6	813.6	83.4	97.3	**583.2**	1826.3	**1589.8**	2396.9

注: 1. MOEA/D 表示基于分解的多目标进化算法。
2. MOPSO 表示多目标粒子群优化算法。
3. NSGA-Ⅱ 表示快速精英非支配排序遗传算法。
4. 粗体表示三个算法中性能最好的结果。

表 1-6　基于模糊多准则评价与分解的多目标协同优化抠图算法采用不同多目标优化算法使用未知区域较小的三分图获得的抠图透明度遮罩均方误差

图像名	GT01	GT02	GT03	GT04	GT05	GT06	GT07	GT08	GT09
MOEA/D	**29.4**	**67.3**	**125.1**	**390.6**	**36.9**	**71.8**	**37.1**	613.8	**99.3**
MOPSO	31.8	80.7	142.3	430.5	62.4	105.2	47.7	605.2	106.2
NSGA-Ⅱ	31.5	69.7	126.8	400.6	43.8	83.3	42.2	**585.3**	99.6

图像名	GT10	GT11	GT12	GT13	GT14	GT15	GT16	GT17	GT18
MOEA/D	149.7	213.3	59.3	**228.3**	**63.1**	181.2	927.0	**58.6**	**44.0**
MOPSO	165.8	234.3	63.1	272.9	87.3	181.4	1325.5	76.6	74.5
NSGA-Ⅱ	**145.4**	**198.2**	**53.2**	235.8	66.1	**165.4**	**815.6**	65.6	50.6

图像名	GT19	GT20	GT21	GT22	GT23	GT24	GT25	GT26	GT27
MOEA/D	**76.3**	50.4	**349.6**	**40.8**	**50.7**	359.7	**1245.8**	1003.0	1311.0
MOPSO	122.3	58.0	434.6	53.8	66.0	363.6	1302.6	1053.4	1136.6
NSGA-Ⅱ	94.1	**49.4**	363.7	44.0	56.0	**328.5**	1270.6	**990.6**	**1087.8**

注：1. MOEA/D 表示基于分解的多目标进化算法。

　　2. MOPSO 表示多目标粒子群优化算法。

　　3. NSGA-Ⅱ 表示快速精英非支配排序遗传算法。

　　4. 粗体表示三个算法中性能最好的结果。

27 幅图像中的 17 幅与使用多目标粒子群优化算法的版本相比占优，14 幅与使用快速精英非支配排序遗传算法的版本相比占优。而未知区域较小的三分图中，使用基于分解的多目标进化算法的版本在 27 幅图像中的 25 幅与使用多目标粒子群优化算法的版本相比占优，17 幅与使用快速精英非支配排序遗传算法的版本相比占优。鉴于基于模糊多准则评价与分解的多目标协同优化抠图算法在使用基于分解的多目标进化算法时，在大部分图像上比使用其余两个多目标优化算法的版本取得了更低的均方误差，基于模糊多准则评价与分解的多目标协同优化抠图算法，选择基于分解的多目标进化算法作为其所需的多目标优化算子，其涉及的参数按文献 [27] 推荐的来设置。

（2）模糊多准则像素对评价准确性实验

本实验的设计目的是检验模糊多准则像素对评价，在多个评价准则满足程度不确定的情况下是否能准确地评价像素对。本实验比较了模糊多准则像素对评价与采用相同评价准则的一个流行的评价方法 [17]，在不确定样例上以及多个图像上平均的评价性能。

实验数据采用基准数据集中 27 幅配有标准抠图透明度遮罩的图像以及其对应的未知区域较大的三分图。

本实验通过比较不同评价方法选择的像素对所产生抠图透明度遮罩观测评价方法的准确性。实验结果通过三个步骤获取：使用全局采样算法 [3] 生成候选的像素对；使用不同的评价方法对像素对进行评价；使用适应值最佳的像素对估计抠图透明度遮罩。

首先讨论模糊多准则像素对评价在不确定样例上的性能。实验选择了一幅名为 GT04 的图像作为多个评价准则满足程度不确定的样例，该例子包括 109 718 个未知像素。使用两个评价方法选择最优像素对所获得的抠图透明度遮罩，如图 1-11 所示。图 1-11a 为输入图像，其中三分图的前景边缘用红色标注，背景边缘用蓝色标注，局部放大区域用黄色标注；图 1-11b 为标准抠图透明度遮罩；图 1-11c 使用模糊多准则像素对评价方法获得的抠图透明度遮罩；图 1-11d 为与提出方法采用相同评价准则的一个流行的评价方法所获得的抠图透明度遮罩。从图中可以发现，文献 [17] 中的评价方法所估计的抠图透明度遮罩与标准的抠图透明度遮罩相比，在旗子区域具有较大的误差，模糊多准则像素对评价所估计的抠图透明度遮罩误差则相对较小。如图 1-11a 所示，蓝色旗子左侧区域的未知像素区域远离最优前景像素，因此，最优前景像素的空间相近准则的满足程度较低。模糊多准则像素对评价方法考虑了多评价准则满足程度的不确定性，提高了评价的准确性，获得了更精确的抠图透明度遮罩。

下面通过统计分析，进一步讨论模糊多准则像素对评价方法平均情况下的评价准确性。本实验通过不同评价方法选择的像素对对应的透明度的平均均方误差，来定量比较提出方法以及现有方法的评价性能。平均均方误差计算方式如下：首先使用像素对评价方法在 27 幅图像中的 2 893 894 个未知像素中选择最佳的像素对，计算所选择的像素对对应的抠图透明度与标准抠图透明度遮罩中对应值之间的均方误差，然后计算所有未知像素均方误差的平均值。模糊多准则像素对评价方法对应的平均均方误差为 603.99，低于现有方法的 622.77。平均均方误差较小，说明了模糊多准则像素对评价方法在不同情况下均能正确地评价像素对。综上所述，该评价方法在不确定的样例中以及平均意义下，均有效地提高了像素对评价的准确性。该实验结果是模糊多准则像素对评价方法采用的模糊隶属度函数以及模糊聚合算子，有效地处理了多个评价准则满足程度的不确定性。

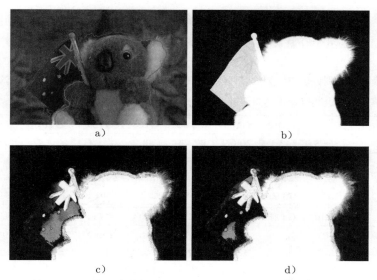

图 1-11　使用不同评价方法选择最优像素对所获得的抠图透明度遮罩（见彩插）

（3）基于分解的多目标协同优化算法寻优性能对比实验

本实验的主要目的在于验证基于分解的多目标协同优化算法，是否能利用每个评价准则对应的启发式信息在有限的计算资源条件下提高像素对优化的质量。实验数据采用基准数据集中对应的标准抠图透明度遮罩可用的 27 幅图像及其对应的三分图。

实验中使用了三个先进的大规模启发式优化算法作为像素对优化的性能基准，分别是差分分组 2（Differential Grouping2，DG2）[29]、竞争性群体优化算法（Competitive Swarm Optimization，CSO）[30] 以及协同进化粒子群优化算法（Cooperatively Coevolving Particle Swarm Optimization，CCPSO）[31]。此外，为了验证多准则评价函数分解优化策略以及基于邻域分组协同多目标优化策略的有效性，实验中还将基于邻域分组协同多目标优化策略与竞争性群体优化算法结合，产生了一个名为基于邻域分组协同的竞争性群体优化算法。实验中基于模糊多准则评价与分解的多目标协同优化抠图算法以及涉及的四个启发式优化算法，分别用于求解大规模像素对优化问题。求解过程中最大的评价次数限制为 5000 次，最后观测不同方法计算所获得的像素对对应的抠图透明度遮罩与标准透明度遮罩之间的均方误差，抠图透明度遮罩均方误差越小，启发式优化算法的寻优性能越好。基于模糊多准则评价与分解的多目标协同优化抠图算法，与三个启发式优化算法在 27 幅图像上获得的抠图透明度遮罩均方误差如表 1-7 所示。值得一提的是差分分组 2 算法由于在优化过程中耗尽了 32GB 内存，无法进行本次实验。

表 1-7　基于模糊多准则评价与分解的多目标协同优化抠图算法与三个启发式优化算法在 27 幅图像上获得的抠图透明度遮罩均方误差

图像名	GT01	GT02	GT03	GT04	GT05	GT06	GT07	GT08	GT09
文献 [186] 的算法	58.8	**143.1**	**206.5**	**673.5**	**89.2**	**141.1**	54.7	**774.2**	**116.9**
CSO-NG	**54.5**	157.9	217.2	677.4	99.4	201.7	64.9	833.9	135.7
CSO	731.9	3645.5	1048.2	3261.9	1136.9	2420.3	1037.1	2857.7	2475.3
CCPSO	734.4	3739.6	1043.4	3204.5	1232.4	2501.1	1105.3	2861.2	2432.7

图像名	GT10	GT11	GT12	GT13	GT14	GT15	GT16	GT17	GT18
文献 [186] 的算法	**240**	**381.3**	**99.9**	463.1	**114.1**	**299.3**	**2282.3**	**90.2**	**89.9**
CSO-NG	254.5	394.3	114.3	**447.3**	169.6	337.5	2739.9	108.3	149.2
CSO	2530.5	3905.1	342.2	5771.3	1104.4	1728.8	5525.7	1365.5	2451.8
CCPSO	2609.6	3886.7	386.8	5859	1485.9	1821.9	5442.8	1695.9	2448.2

图像名	GT19	GT20	GT21	GT22	GT23	GT24	GT25	GT26	GT27
文献 [186] 的算法	**199.6**	110.8	826.4	**74.9**	**87.7**	648.6	**1786.2**	1689.5	2797.3
CSO-NG	256	**109.5**	**763.9**	82.1	100.4	**620.9**	1850.6	**1647.2**	**2593.2**
CSO	1603.9	757.5	4475.6	1353	1559.3	3817.6	4129	6741.4	7202.3
CCPSO	1547	779.2	4486.4	1353.7	1804.1	3785.9	3878.7	7362.1	7302.5

注：1. CSO-NG 表示基于邻域分组协同的竞争性群体优化算法。

　　2. CSO 表示竞争性群体优化算法。

　　3. CCPSO 表示协同进化粒子群优化算法。

　　4. 粗体表示四个算法中性能最好的结果。

其中，基于模糊多准则评价与分解的多目标协同优化抠图算法的平均均方误差为 538.5；基于邻域分组协同的竞争性群体优化算法的平均均方误差为 562.3；竞争性群体优化算法的平均均方误差为 2 777.0；协同进化粒子群优化算法的平均均方误差为 2 844.1。算法在所有 27 幅图像以及平均均方误差的比较中，均获得了比现有大规模启发式优化算法更低的抠图透明度遮罩均方误差。该实验结果表明，与现有的大规模启发式优化算法相比，基于模糊多准则评价与分解的多目标协同优化抠图算法在像素对优化问题上具有更高的寻优精度。此外，基于邻域分组协同多目标优化策略与竞争性群体优化算法结合产生的基于邻域分组协同的竞争性群体优化算法和基于模糊多准则评价与分解的多目标协同优化抠图算法在 27 幅图像中的 20 幅图像以及平均均方误差的比较中，基于模糊多准则评价与分解的多目标协同优化抠图算法获得了更低的均方误差。由于两个算法均采用基于邻域分组协同多目标优化策略进行子问题的划分以及协同优化，所以，两者的性能差异来源于优化算子。该实验结果说明多准则评价函数分解优化策略充分利用了每个评价准则所提供的启发式信息，提高了种群的多样性。而种群的多样性可避免启发式优化算法在包含大量局部最优解的像素对优化问题中陷入局部最优解，并引导其向全局最优解逼近，因此，文献 [186] 提出的算法取得了比现有的先进大规模优化算法更好的寻优质量。值得一提的是，实验中采用基于邻域分组协同多目标优化策略的两个抠图算法（即基于模糊多准则评价与分解的多目标协同优化抠图算法以及基于邻域分组协同的竞争性群体优化算法）获得的抠图透明度遮罩均方误差，显著低于其他的大规模启发式优化算法。采用基于邻域分组协同多目标优化策略的算法与不采样该策略的算法之间显著的性能差异揭示了像素对优化问题是可分解的问题，验证了基于邻域分组协同多目标优化策略可对像素对优化问题的决策变量进行快速且有效的分组。基于邻域分组协同多目标优化策略所带来的显著性能提升，可以归因于该策略充分利用问题的先验知识——局部平滑特性将复杂的大规模像素对优化问题分解为多个相对简单的子问题。

（4）基于模糊多准则评价与分解的多目标协同优化抠图算法抠图性能对比实验

本实验旨在验证基于模糊多准则评价与分解的多目标协同优化抠图算法的性能。实验不仅在基准数据集中 27 幅配有标准抠图透明度遮罩的图像中进行测试，而且通过在线测试的方式在其余 8 幅不公开标准抠图透明度遮罩的图像上进行了测试。其中在 27 幅图像上的实验使用了未知区域较大以及未知区域较小的两种类型的三分图，在 8 幅图像上的实验使用了未知区域较大、未知区域较小以及手工标定的三种不同类型的三分图。本实验使用了绝对误差之和、均方误差以及梯度误差这三种被广泛使用的抠图性能指标对现有算法的抠图性能进行定量评价。

实验中采用三个先进的基于采样的抠图算法作为性能基准。采用的算法分别是基于 KL 散度采样的抠图算法 [7]、基于全面采样的抠图算法 [6]、基于颜色与纹理特征加权的抠图算法 [5]。考虑到抠图算法的预处理以及后处理流程对抠图性能的影响，为了保证比较的公平性，实验中所有方法均不使用预处理以及后处理流程。值得一提的是，基于 KL 散度采样的抠图算法在对 GT02 及 GT25 图像抠图过程中由于所采集到的所有像素落在已知前景区域，未能采集到背景像素，因此，无法得到该算法在 GT02 及 GT25 图像上的抠图透明度遮罩实验结果。

　　表 1-8和表 1-9分别展示了基于模糊多准则评价与分解的多目标协同优化抠图算法，以及三个先进的基于采样的抠图算法在 27 幅图像及对应的两种类型三分图的抠图透明度遮罩均方误差。在使用未知区域较大的三分图实验中，基于模糊多准则评价与分解的多目标协同优化抠图算法、基于 KL 散度采样的抠图算法、基于综合采样的抠图算法以及基于颜色与纹理特征加权的抠图算法在 27 幅图像上的平均均方误差分别为 538.5、559.3、755.4、666.8。在使用未知区域较小的三分图实验中，基于模糊多准则评价与分解的多目标协同优化抠图算法、基于 KL 散度采样的抠图算法、基于综合采样的抠图算法以及基于颜色与纹理特征加权的抠图算法在 27 幅图像上的平均均方误差分别为 292.0、410.1、547.1、460.4。基于模糊多准则评价与分解的多目标协同优化抠图算法在未知区域较小以及未知区域较大两种类型的三分图上，所获得的平均均方误差值低于其余三种现有的先进抠图算法。该算法不仅在平均均方误差上取得了比现有抠图算法更好的性能，而且在绝大部分的图像中也取得了更低的均方误差。在使用未知区域较大的三分图实验结果比较中，基于模糊多准则评价与分解的多目标协同优化抠图算法在 27 幅图像中的 21 幅图像上获得了最低的均方误差。在使用未知区域较小的三分图实验结果比较中，基于模糊多准则评价与分解的多目标协同优化抠图算法在 22 幅图像上获得了最低的均方误差。表 1-10展示了基于模糊多准则评价与分解的多目标协同优化抠图算法，以及三个先进的基于采样的抠图算法在在线抠图基准测试中的绝对误差之和、均方误差以及梯度误差。基于模糊多准则评价与分解的多目标协同优化抠图算法在不同类型的三分图上的全部三个抠图透明度遮罩性能指标均优于现有的抠图算法。该实验结果说明了基于模糊多准则评价与分解的多目标协同优化抠图算法相对于现有的其他算法具有更好的抠图性能。

表 1-8　基于模糊多准则评价与分解的多目标协同优化抠图算法及现有的抠图算法在 27 幅图像及对应的未知区域较小的三分图的抠图透明度遮罩均方误差

图像名	GT01	GT02	GT03	GT04	GT05	GT06	GT07	GT08	GT09
文献 [186] 的算法	**29.4**	**67.3**	**125.1**	390.6	**36.9**	**71.8**	**37.1**	613.8	**99.3**
基于 KL 散度采样的抠图算法	48.7	N/A	157.6	**282.7**	133.8	144.2	61.2	715.5	141.4
基于综合采样的抠图算法	56.9	119.8	170.1	499.8	137.3	173.6	60.9	782.9	114.3

（续）

图像名	GT01	GT02	GT03	GT04	GT05	GT06	GT07	GT08	GT09
基于颜色与纹理特征加权的抠图算法	39.4	169.5	126.9	340.6	100.8	138.5	58.3	711.3	228.8

图像名	GT10	GT11	GT12	GT13	GT14	GT15	GT16	GT17	GT18
文献 [186] 的算法	**149.7**	**213.3**	**59.3**	**228.3**	**63.1**	**181.2**	**927.0**	**58.6**	**44**
基于 KL 散度采样的抠图算法	244.9	264.6	101.8	334.1	126.0	292.8	3084.8	109.1	86.0
基于综合采样的抠图算法	287.5	236.9	106.4	414.9	120.5	249.7	4553.1	194.9	114.8
基于颜色与纹理特征加权的抠图算法	183.7	319.7	79.8	363.1	153.7	279.2	4407.8	157.6	82.4

图像名	GT19	GT20	GT21	GT22	GT23	GT24	GT25	GT26	GT27
文献 [186] 的算法	**76.3**	**50.4**	349.6	**40.8**	**50.7**	**359.7**	1245.8	1003.0	1311.0
基于 KL 散度采样的抠图算法	91.5	113.7	**311.2**	86.7	67.2	607.3	N/A	1415.0	1231.4
基于综合采样的抠图算法	160.8	114.9	587.0	85.7	117.1	432.6	1721.4	1013.4	2085.3
基于颜色与纹理特征加权的抠图算法	93.2	129.2	589	71.8	78.4	492.2	**997.5**	**962.5**	**1075.8**

注：粗体表示四个算法中性能最好的结果。

表 1-9　基于模糊多准则评价与分解的多目标协同优化抠图算法及现有的抠图算法在 27 幅图像及对应的未知区域较大的三分图的抠图透明度遮罩均方误差

图像名	GT01	GT02	GT03	GT04	GT05	GT06	GT07	GT08	GT09
文献 [186] 的算法	**58.8**	**143.1**	206.5	673.5	**89.2**	**141.1**	**54.7**	**774.2**	**116.9**
基于 KL 散度采样的抠图算法	73.7	143.4	188.2	**378.9**	203.7	295	73.8	925.8	189.4
基于综合采样的抠图算法	100.5	197.3	233.1	691.4	213.2	354.6	100.0	948.7	174.0
基于颜色与纹理特征加权的抠图算法	64.9	244.2	**135.9**	531.6	155.3	203.1	87.8	883.6	246.6
图像名	GT10	GT11	GT12	GT13	GT14	GT15	GT16	GT17	GT18
文献 [186] 的算法	**240.0**	**381.3**	**99.9**	**463.1**	**114.1**	**299.3**	**2282.3**	**90.2**	**89.9**
基于 KL 散度采样的抠图算法	349.2	531.3	157.9	481.3	192.6	514.4	4423.0	329	195.7
基于综合采样的抠图算法	541.9	471.9	135.5	673.1	256.4	420.8	4583.9	211.5	213.3
基于颜色与纹理特征加权的抠图算法	279.8	401.3	124.8	754.0	239.8	548.8	4578.3	209.0	187.3

（续）

图像名	GT19	GT20	GT21	GT22	GT23	GT24	GT25	GT26	GT27
文献 [186] 的算法	**199.6**	**110.8**	826.4	**74.9**	**87.7**	648.6	1786.2	1689.5	2797.3
基于 KL 散度采样的抠图算法	229.4	214.0	**604.3**	217.8	128.1	854.4	N/A	**1415.0**	**1231.4**
基于综合采样的抠图算法	355.5	199.4	1152.4	213.0	174.3	777.8	2164.0	1619.2	3218.3
基于颜色与纹理特征加权的抠图算法	271.2	281.5	1053.2	101.5	133.3	741.2	**1724.5**	1757.7	2063.2

注：粗体表示四个算法中性能最好的结果。

表 1-10　基于模糊多准则评价与分解的多目标协同优化抠图算法以及三个先进的基于采样的抠图算法的在线抠图基准测试结果

绝对误差之和	总体的平均误差	平均误差（未知区域较小的三分图）	平均误差（未知区域较大的三分图）	平均误差（人工标记的三分图）
文献 [186] 的算法	**18.3**	**15.8**	**21.9**	**17.4**
基于 KL 散度采样的抠图算法	18.9	16.6	22.1	18.1
基于综合采样的抠图算法	20.1	17.7	23.5	19.0
基于颜色与纹理特征加权的抠图算法	21.2	19.3	24.5	19.7

均方误差	总体的平均误差	平均误差（未知区域较小的三分图）	平均误差（未知区域较大的三分图）	平均误差（人工标记的三分图）
文献 [186] 的算法	**1.4**	**1.1**	**1.7**	**1.3**
基于 KL 散度采样的抠图算法	1.5	1.3	1.8	1.4
基于综合采样的抠图算法	1.6	1.4	2.0	1.5
基于颜色与纹理特征加权的抠图算法	1.8	1.7	2.2	1.7

梯度误差	总体的平均误差	平均误差（未知区域较小的三分图）	平均误差（未知区域较大的三分图）	平均误差（人工标记的三分图）
文献 [186] 的算法	**1.2**	**1.0**	**1.3**	**1.1**
基于 KL 散度采样的抠图算法	1.4	1.3	1.5	1.4
基于综合采样的抠图算法	1.5	1.3	1.6	1.4
基于颜色与纹理特征加权的抠图算法	2.0	1.9	2.2	2.0

图 1-12提供了基于模糊多准则评价与分解的多目标协同优化抠图算法与以上参与实验的现有算法所得到的抠图透明度遮罩的对比。图 1-12a 为输入图像；图 1-12ba 为

中黄色框区域局部放大图像；图 1-12c 为标准的抠图透明度遮罩；图 1-12d 为基于模糊多准则评价与分解的多目标协同优化抠图算法获得的抠图透明度遮罩；图 1-12e 为基于 KL 散度采样的抠图算法获得的抠图透明度遮罩；图 1-12f 为基于综合采样的抠图算法获得的抠图透明度遮罩；图 1-12g 为基于颜色与纹理特征加权的抠图算法获得的抠图透明度遮罩。从图中可以发现，基于模糊多准则评价与分解的多目标协同优化抠图算法获得的抠图透明度遮罩，具有更低的噪声以及清晰的边缘，在视觉上更接近于标准的抠图透明度遮罩。抠图透明度遮罩的视觉对比结果与定量对比结果一致，这进一步说

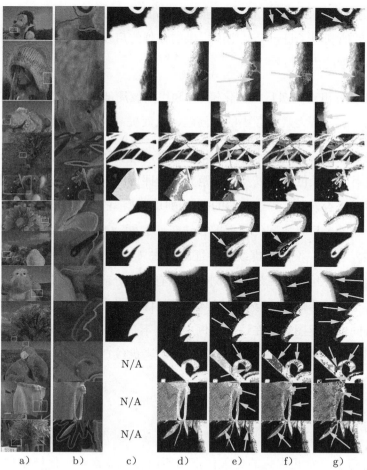

图 1-12　基于模糊多准则评价与分解的多目标协同优化抠图算法与现有抠图算法获得的抠图透明度遮罩对比（见彩插）

明了基于模糊多准则评价与分解的多目标协同优化抠图算法可以提供高质量的抠图透明图遮罩。

基于模糊多准则评价与分解的多目标协同优化抠图算法所带来的抠图性能提升可以归因于三点：

1）模糊多准则像素对评价方法，有效地处理了多个评价准则满足程度不确定性，为像素对优化提供了准确的目标函数。

2）多准则评价函数分解优化策略通过将多准则单目标优化问题转化为多个单目标优化问题，有效地利用了每一个准则所提供的额外的启发式信息，进而提高了启发式优化算法的全局搜索能力。

3）基于邻域分组协同多目标优化策略，利用图像局部平滑假设快速而准确地将大规模像素对优化问题分解为规模较小的子问题，从而提高了像素对优化问题的搜索效率。

然而，基于模糊多准则评价与分解的多目标协同优化抠图算法依然存在着一些不足。该方法采用了低颜色失真以及空间距离相近评价准则。在纹理丰富的图像中该评价方法可能会存在评价误差，导致获得的抠图透明度遮罩的质量下降。因此，基于模糊多准则评价与分解的多目标协同优化抠图算法在 GT25、GT26 以及 GT27 等纹理丰富的图像中均方误差较大，不如考虑纹理特征的算法（如表 1-8 和表 1-9 所示）。该实验结果说明了纹理相似评价准则在这些样例中可以有效地分辨高质量的像素对，在这些样例中，颜色失真与空间准则无法有效分辨高质量的像素对。虽然基于模糊多准则评价与分解的多目标协同优化抠图算法在这些样例中性能不是最好的，但得益于模糊多准则像素对评价对准则不确定性的有效处理，与其他没有考虑纹理相似评价准则的算法相比，其抠图性能依然是具有竞争力的。

1.2.3 小结

本节围绕基于启发式优化的免采样抠图所面临的像素对优化精度较低的问题，介绍如何利用像素对优化问题的特性，进一步提高基于启发式优化的抠图算法的求解精度。针对像素对评价中多个评价准则存在满足程度不确定的问题，文献 [186] 基于模糊逻辑提出了模糊多准则像素对评价方法。为了充分利用多个评价准则所提供的启发式信息，利用评价准则的先验知识，文献 [186] 提出了基于分解的多目标协同优化算法。在该算法中，多准则评价函数分解优化策略将多准则单目标优化问题分解为多个单目标优化问题，并使用多目标优化算法对所有的优化问题同时进行优化。此外，基于分解的多目标协同优化算法利用图像局部平滑的特性，设计了基于邻域分组协同多目标优化策略。该策略将大规模的像素对优化问题分解为多个小规模的优化问题，并对其独立进行优化。

实验数据表明，模糊多准则像素对评价方法不仅在平均意义下提供了准确的像素对评价结果，而且在部分评价准则满足程度较低的情况下，依然能准确地评价像素对。实验中，我们发现使用多准则评价函数分解优化策略将复杂的多准则单目标像素对优化问题转换为多目标优化问题，可获得较直接进行单目标优化更高的求解精度。此外，基于邻域分组协同多目标优化策略为大规模像素对优化提供了一种快速而有效的问题分解方式，有效地提高了启发式优化算法的优化精度。实验还表明基于模糊多准则评价与分解的多目标协同优化抠图算法，可在不同类型的图像以及不同类型的三分图情况下提供高质量的抠图透明度遮罩，其抠图性能在绝对误差之和、均方误差、梯度误差等指标上优于现有的先进抠图算法。然而，该算法的局限性在于未考虑纹理特征，因此在纹理丰富的图像中出现了抠图性能下降的情况，而且，由于采用了启发式优化算法，该算法的计算复杂度较高，限制了其在时效性要求较高的任务中的应用，未来的研究工作应考虑在保证抠图精度的同时，提高抠图的速度。

1.3　当医学遇上人工智能——抠图算法应用的又一力作

1.3.1　研究进展简述

在目前的医学实践中，血管分割技术在眼底图像分析与计算机辅助眼病诊断中扮演着举足轻重的角色，它是医疗诊断、手术辅助设计的基础，且对早期发现和治疗不同的心血管病和眼部疾病（如中风、静脉阻塞、糖尿病性视网膜病变和动脉硬化）具有重要意义。近年来，血管分割已成为医学图像处理领域的热点难题之一，许多血管自动分割技术被相继提出，并取得了很好的分割效果。然而，抠图作为一种辅助技术来应用在血管分割上的成果较为少见。到目前为止，笔者只发现了一项专利，它通过不变矩特征和 KNN 抠图算法 [14] 来进行血管分割。但由于生成三分图（Trimap）在血管分割过程中是一项烦琐和耗时的任务，因此，当前有必要设计一个合适的抠图算法来尽可能高效地分割血管。

1.3.2　科学原理

1. 基于分层抠图模型的血管分割算法

如图 1-13 所示，基于分层抠图模型的血管分割算法流程由三分图的生成（Trimap Generation）和抠图（Matting）两步组成。

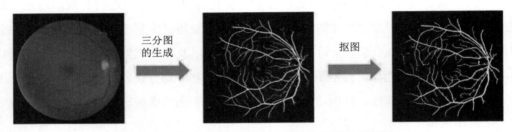

图 1-13　基于分层抠图模型的血管分割算法流程图

（1）血管三分图的自动生成

血管三分图的自动生成流程图如图 1-14所示，主要包括图像分割以及血管骨架提取两个步骤。

图像分割

图 1-15 给出了图像分割各流程效果的示意图。首先，将图像分割为背景区域 B、未知区域 U 以及初步的血管区域 V_1 三个区域。分割方法如式 (1-23) 所示。

$$I_{mr} = \begin{cases} B & \text{if } 0 < I_{mr} < p_1 \\ U & \text{if } p_1 \leqslant I_{mr} < p_2 \\ V_1 & \text{if } p_2 \leqslant I_{mr} \end{cases} \tag{1-23}$$

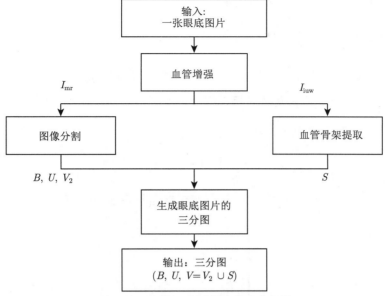

图 1-14　血管三分图自动生成流程图

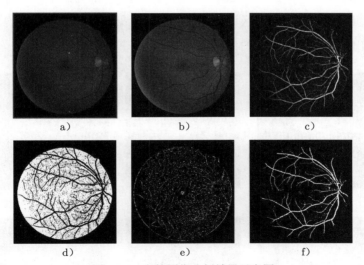

图 1-15　血管图像分割效果示意图

为了将未知区域尽量缩小以获得更好的抠图效果，设置 $p_1 = 0.2$、$p_2 = 0.35$[6,32]。进而利用血管的区域特征去除 V_1 中的噪声区域。血管区域特征已经广泛用于血管分割，并取得了良好的分割准确率和计算效率 [33]。区域特征通过面积、外接矩形、凸包等信息描述血管区域，去噪后的图像记为 V_2。

血管骨架提取

血管提取的目标是进一步区分未知区域并提供更多的血管信息。第一步通过式 (1-24) 对输入图像二值化获得二值图像 T：

$$T = \begin{cases} 1 & I_{\mathrm{iuw}} > t \\ 0 & I_{\mathrm{iuw}} \leqslant t \end{cases} \tag{1-24}$$

其中 $t = \mathrm{Otsu}(I_{\mathrm{iuw}}) - \varepsilon$，$\varepsilon$ 取 0.03。第二步根据面积将 T 分为三个部分：

$$T = \begin{cases} T_1 & 0 < \mathrm{Area} < a_1 \\ T_2 & a_1 \leqslant \mathrm{Area} \leqslant a_2 \\ T_3 & a_2 < \mathrm{Area} \end{cases} \tag{1-25}$$

在血管骨架提取过程中 T_1 区域被去除、T_3 被保留，T_2 部分则根据血管区域特征进一步细分为 T_4。最终将 T_3 及 T_4 区域合并，并利用骨架提取算法 [34] 获得血管的骨架图 S。图 1-16给出了血管骨架提取的例子。

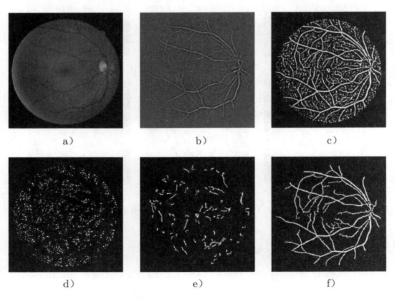

图 1-16　血管骨架提取效果示意图

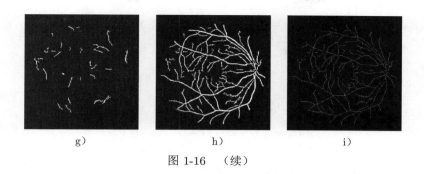

$$\text{g)} \qquad\qquad \text{h)} \qquad\qquad \text{i)}$$

图 1-16　（续）

在完成图像分割及血管骨架提取步骤后，三分图中的血管区域 $V = V_2 \cup S$、背景区域 B、未知区域 U 均可获得。

（2）分层抠图模型

分层抠图模型通过增量的方式将未知区域标记为血管及背景区域。若将未知区域的像素分为 m 层，记未知区域的第 i 个像素属于第 j 层，则血管图像可以表示为：

$$I_v(z) = \begin{cases} 1 & \text{corre}\left(u_i^j, V\right) > \text{corre}\left(u_i^j, B\right) \\ 0 & \text{其他} \end{cases} \tag{1-26}$$

其中 corre 表示相似度函数（见式 (1-29)）。

分层抠图模型的实现分为以下两个步骤。

1）将未知像素分层：将未知区域像素分配到不同的层。

2）逐层更新：为每一层的像素分配新的标签（血管或背景）。

分层抠图模型的伪代码如算法 1-4 所示。

算法 1-4　层次抠图算法

输入： 包含 B、U、V 的三分图

输出： 分割血管图像 I_u

　　第一步：未知像素分层

1: 对于 $i = 1, 2, \cdots, n_U$，令 $D(i) = d_i$，其中 n_U 是未知像素的数量，d_i 是第 i 个未知像素到 V 中最近的血管像素之间的距离。

2: 根据距离 D 以升序的方式将集合 U 中的未知像素进行排序，将距离相同的像素聚合为一个层

级。由此将像素分为 m 个层级，并将其记为多级序列集合 $H = \{H_1, H_2, \cdots, H_m\}$，$H_j = u_i^j | i \in$ $1, 2, \cdots, n_i$，其中 n_i 是第 j 层级 H_j 的未知像素数量。

第二步：逐层更新

3: **for** $j = 1, \cdots, m$ **do**

4:    **for** $i = 1, \cdots, n_i$ **do**

5:       计算 u_i^j 及其 9×9 网格内相邻的带标签的像素（血管像素以及背景像素）的相关性（由公式 1-29 定义）

6:       选择相关性最强的像素，将其标签分配给 u_i^j

7:    **end for**

8: **end for**

未知像素分层

对于未知区域的第 i 个像素，计算其到血管区域 V 中的所有像素的距离，并将最短距离赋给第 i 个像素。依据未知像素的最短距离对其进行分层，最短距离最小的像素分配到第一层，而最短距离最大的像素分配到最后一层。未知像素位于第一层表示其接近于血管，而未知像素位于最后一层表示其远离血管。图 1-17 展示了一个未知像素分层的样例。

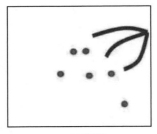
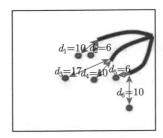
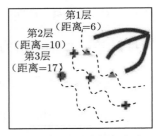

a）示例图像　　　b）计算每个未知点的最近距离　　c）将未知像素点进行分层
（d_i 表明第 i 个未知像素点的最近距离）

图 1-17　分层抠图模型的伪代码（见彩插）

相似度函数

在算法 1-4 的第 2 步中，给定一个未知像素 u_i^j 及其相邻的带标签像素 k_l^j，用于描述 u_i^j 及 k_l^j 之间适应度的颜色代价函数可以定义为：

$$\beta_c\left(u_i^j, k_l^j\right) = \left\|c_{u_i^j} - c_{k_l^j}\right\| \tag{1-27}$$

其中 $c_{u_i^j}$ 和 $c_{k_l^j}$ 表示 u_i^j 和 k_l^j 在 I_{mr} 中的强度。定义空间代价函数为：

$$\beta_s\left(u_i^j, k_l^j\right) = \frac{\left\|x_{u_i^j} - x_{k_l^j}\right\| - x_{\min}}{x_{\max} - x_{\min}} \tag{1-28}$$

其中 $x_{u_i^j}$ 和 $x_{k_l^j}$ 为 u_i^j 及 k_l^j 的空间坐标。$x_{\max}$ 和 $x_{\min}$ 分别表示未知像素 u_i^j 到带标签像素 k_l^j 的最长及最短距离。归一化因子 $x_{\max}$ 和 $x_{\min}$ 保证了 β_s 与绝对距离无关。

最终的相似度函数 β 为颜色适应度以及空间距离的加权组合：

$$\beta\left(u_i^j, k_l^j\right) = \beta_c\left(u_i^j, k_l^j\right) + \omega\beta_s\left(u_i^j, k_l^j\right) \tag{1-29}$$

其中，ω 是颜色适应度与空间距离之前权衡的加权因子，设置为 0.5，ω 越小表示带标签像素与未知像素的相关性越强。

逐层更新

完成分层策略的初始化以后，计算每一个未知像素与其 9×9 邻域内带标签的像素的相似度，并将相似度最强的带标签像素的标签赋予未知像素。当一层内的未知像素均被更新以后，该层像素的信息将被用于更新下一层像素。从第一层更新到最后一层如此反复实现，图 1-18 给出了更新流程的示意图。

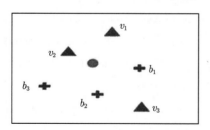

a）示例图像

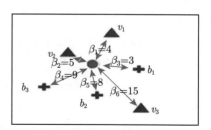

b）计算未知像素点与周围已知像素点关系值

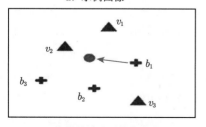

c）找到关系最近的像素点

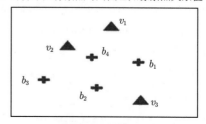

d）把关系最近的像素点的标记
赋予未知像素点

图 1-18　分层抠图模型的伪代码（见彩插）

2. 实验分析

文献 [187] 通过与多个血管分割算法进行比较，验证了所提算法的有效性，对比结果如表 1-11 所示。实验结果表明，基于分层抠图模型的血管分割算法在两个公开的数据库 DRIVE[35] 和 STARE[36] 上均取得了较好的分割结果。虽然 Hoover 等人提出的有监督的方法 [37] 在 STARE 数据库上性能最优，然而，由于其采用了深度学习技术，因此计算代价较高。与其他算法相比，文献 [187] 提出的方法具有计算代价较低的优势。

表 1-11　提出算法与世界先进算法分割性能对比

测试数据库	DRIVE					STARE					
方法	Acc	AUC	Se	Sp	Time	Acc	AUC	Se	Sp	Time	System
有监督的方法											
Staal et.al	0.944	—	—	—	15min	0.952	—	—	—	15min	1.0 GHz,1GB RAM
Soares et.al	0.946	—	—	—	~3min	0.948	—	—	—	~3min	2.17 GHz,1GB RAM
Lupascu et.al	0.959	—	0.720	—							—
Marin et.al	0.945	0.843	0.706	0.980	~90s	0.952	0.838	0.694	0.982	~90s	2.13 GHz,2GB RAM
Roychowdhury et.al	0.952	0.844	0.725	0.962	3.11s	0.951	0.873	0.772	0.973	6.7 s	2.6 GHz, 2GB RAM
Liskowski et.al	0.954	0.881	0.781	0.981		0.973	0.921	0.855	0.986		NVIDIA GTX Tian GPU
无监督的方法											
Hoover et.al	—	—	—	—		0.928	0.730	0.650	0.810	5 min	Sun SPARCstation 20
Mendonca et.al	0.945	0.855	0.734	0.976	2.5 min	0.944	0.836	0.699	0.973	3 min	3.2 GHz, 980MB RAM
Lam et.al	—	—	—	—		0.947	—	—	—	8 min	1.83 GHz, 2GB RAM
Al-Diri et.al	—	—	0.728	0.955	11 min	—	—	0.752	0.968	—	1.2 GHz
Lam and Yan et.al	0.947	—	—	—	13 min	0.957	—	—	—	13 min	1.83 GHz,2GB RAM
Perez et.al	0.925	0.806	0.644	0.967	~2 min	0.926	0.857	0.769	0.944	~2 min	Parallel Cluster
Miri et.al	0.943	0.846	0.715	0.976	~50 s						3 GHz, 1GB RAM
Budai et.al	0.957	0.816	0.644	0.987		0.938	0.781	0.580	0.982		2.3 GHz, 4GB RAM
Nguyen et.al	0.941	—	—	—	2.5 s	0.932	—	—	—	2.5 s	2.4 GHz, 2GB RAM
Yitian et.al	0.954	0.862	0.742	0.982		0.956	0.874	0.780	0.978		3.1 GHz, 8GB RAM
Annunziata et.al	—	—	—	—		0.956	0.849	0.713	0.984	<25 s	1.9 GHz, 6GB RAM
Orlando et.al	—	0.879	0.790	0.968		—	0.871	0.768	0.974	—	2.9 GHz, 64GB RAM
Proposed	**0.960**	**0.858**	**0.736**	**0.981**	**10.72s**	**0.957**	**0.880**	**0.791**	**0.970**	**15.74s**	**2.5 GHz, 4GB RAM**

图 1-19 给出了一些血管分割的实例对比结果。在图 1-19 中左图为最优的分割效果、右图为基于算法所分割出的结果。不难看出，基于该算法所得到的分割结果，相比医生分割的结果，提取了更多复杂的特征信息。

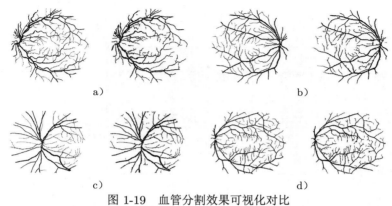

a)　　　　　　　　　　　　　　　　b)

c)　　　　　　　　　　　　　　　　d)

图 1-19　血管分割效果可视化对比

1.3.3　小结

本节以血管分割为例，探讨了三分图的自动生成问题，利用图像增强和血管的形状特征实现三分图的自动生成功能，提出了基于分层抠图模型的算法进行血管分割，扩展了自然图像抠图技术在医学图像领域的应用。该技术有望应用在复杂结构的物体分割、小样本的数据处理等场景。在未来的工作中，我们将继续优化这个算法，提升算法的性能，并与医学领域专家展开合作，尽可能地把算法应用到实际辅助诊断中。

1.4　"深度学习 + 抠图增强"牛刀小试——高效率的红外图像行人分类

1.4.1　研究进展简述

行人分类是计算机视觉中具有重要理论研究意义以及应用价值的一项研究。远红外图像由于其相对于可见光图像具有独特的优势——不受天气、光照因素的影响，受到行人分类研究人员的广泛关注。红外图像行人分类可以为高级驾驶辅助系统（Advanced

Driver Assistance Systems）提供关键技术支撑。图 1-20给出了高级驾驶辅助系统的结构框图。从图中可以发现，鲁棒的行人分类是高级驾驶辅助系统的重要环节，行人分类结果是行车安全评估的重要依据，在实际应用中，行人分类错误可能会导致严重的交通事故。

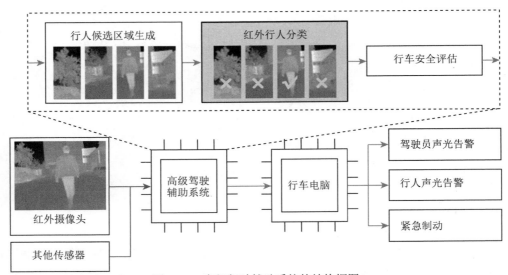

图 1-20　高级驾驶辅助系统的结构框图

远红外图像虽然在行人分类中具有独特的优势，但是其存在分辨率低以及颜色信息缺失的问题，造成了远红外图像所包含的信息非常有限，因此，可见光图像中经常使用的如纹理等具有高度分辨能力的特征无法应用在远红外图像上。由于远红外图像是基于温度的差异成像的，远红外图像中行人区域的像素强度值会随着季节与温度的变化而变化。例如，在冬季成像的远红外图像中，行人区域相对背景较亮；而在夏季，行人区域则可能比背景暗[38]。远红外图像中背景的像素强度值可能与行人区域非常接近，这给红外图像行人分类带来了巨大的挑战。

红外图像行人分类的核心是对行人的表征形式进行提炼，其研究历程可以分为专家驱动的算法以及数据驱动的算法两个阶段。

专家驱动的远红外图像行人分类算法是依据行人分类领域专家的经验知识设计的。这类算法通常包含特征提取与行人分类两个步骤。特征提取是为了将原始图像转换为领域专家精心设计的表征形式（如特征向量），分类器在该表征形式中可以有效地分辨行人与非行人目标。表征形式的设计依赖红外图像行人分类领域的专家知识。由于远红外图像中颜色信息不可用，行人的轮廓特征成为红外图像行人分类的重要特征。为了设计出不仅对表征行人的信息具有可分性，而且对与行人不相关的杂乱背景保持不变的高质量特征，研究人员提出了不同的轮廓特征 [38-43]。

专家驱动的远红外图像行人分类算法可进一步分为直方图算法和非直方图算法两类。Dalal 等人 [44] 发现梯度的幅值及方向是一个鲁棒的图像特征，并针对行人检测设计出了方向梯度直方图特征描述子。Suard 等人 [41] 将梯度方向直方图推广到红外图像行人检测中。Zhao 等人 [38] 提出了基于等高线图的形状分布直方图。该直方图通过度量在候选区域的等高线上任意选择的两个点之间的距离，来描述物体的形状。直方图算法可以容忍行人形状的小幅变化；然而，当行人区域亮度与杂乱背景相似时，由于这类算法未能对不清晰的轮廓进行有效的表征，导致无法正确地区分行人，因此，最近研究人员提出了非直方图算法。Bassem 等人 [40] 提出了基于 SURF 特征 [45] 的红外行人分类算法。该算法假设远红外图像中行人的头部比背景部分亮，并通过在 SURF 特征上学习分层码本（Hierarchical Codebook）描述关键的行人头部特征。虽然该算法不受行人运动姿势的影响，但是其忽略了行人躯干的信息，因此，在干扰较大的复杂情况下无法保证分类的鲁棒性。Kwak 等人 [46] 在假设远红外图像中行人区域较背景亮的基础上提出了一个基于定向中心对称（Oriented Center Symmetric）的局部二元模式（Local Binary Patterns）特征的红外图像行人分类算法。该算法将感兴趣区域分为 4×4 的不重叠图像块，并采用具有旋转不变性的定向中心对称的局部二元模式特征，描述每个图像块的亮度信息，通过将每个像素块的特征向量串接，形成一个 128 维的特征向量，利用级联随机森林分类器学习行人的表征方式。该算法所使用的定向中心对称的局部二元模式特征，解决了直方图算法在受干扰情况下鲁棒性较差的问题，但当行人动作幅度较大时，该算法未能提供准确的分类结果。

专家驱动的算法基于针对红外图像行人的局部亮度设计的经验模型。随着观测行人的季节、温度，甚至背景的变化，远红外图像中行人的亮度特性会发生较大变化。因此，专家驱动的算法在行人与背景相似等复杂情况下分类性能不佳。

随着深度学习技术的发展，数据驱动的行人分类算法受到了越来越多的关注。以深度学习技术为代表的数据驱动行人分类算法，可以从数据中自动学习表征信息而无须人工的干预[47]。这类算法通过模拟生物神经系统处理信息的方式，利用多层的卷积神经网络（Convolutional Neural Network），从高维的数据中寻找人们难以发现的数据结构特征。数据驱动算法通过通用的学习程序可以解决不同类型的问题，已在包括图像识别在内的众多计算机视觉任务中取得了重大突破[48-50]。

增加卷积神经网络的层数被认为是一种提高数据驱动分类算法性能的有效方式。为了处理复杂的例子（如远红外图像中行人区域受到相似亮度背景的干扰），研究人员设计了层数越来越深的深度神经网络。Krizhevsky 等人[48]提出了一个名为 AlexNet 的 8 层神经网络，其中前 5 层为卷积层，其余 3 层为全连接层。AlexNet 网络使用 Sigmoid 函数替代了线性整流函数（Rectified Linear Unit）作为激活函数，使其在随机梯度下降优化中获得了更高的收敛速度。Simonyan 等人[49]对不同层数的神经网络进行了严谨的评估，并通过实验验证了神经网络层数越深其性能越好的推断。因此该研究团队将神经网络的层数提升到 16~19 层，提出了名为 VGG 的神经网络。VGG 网络通过堆叠小型的 3×3 卷积滤波器实现了在减少参数数量的同时保持视觉感受野不变。然而，VGG 网络在预测中依然消耗了大量的时间及内存。He 等人[50]提出的 ResNet 网络将神经网络层数增加到 152 层。ResNet 网络通过跳过一个或多个层并通过短连接的方式引入前层的刺激，为层数非常深的神经网络训练误差高的问题提供了一种可行的解决方案，缓解了当神经网络层数过深时发生的训练梯度消失问题。ResNet 网络并没有从本质上解决梯度消失问题，而是通过非常浅的网络的组合避免了该问题。这些层数越来越深的深度神经网络在包括行人分类在内的多个计算机视觉任务的基准测试上刷新了纪录。深度神经网络的计算时间以及空间复杂度也随着网络层数的增加而增加，神经网络的层数过深限制了其实际应用。虽然基于 GPU 加速的解决方案可以减少深度神经网络的计算耗时，然而，考虑到实际应用中设备往往没有配置 GPU 且内存也是有限的，网络层数很深的神经网络对于工业应用来说，其计算代价还是过于高昂的。

综上所述，研究如何以较低的代价实现深度神经网络分类性能的提升，是十分必要的。考虑到红外图像行人分类中杂乱背景对行人轮廓特征的有效提取造成了较大影响，导致了行人分类准确率的下降,有必要将红外目标从复杂的背景中精确分离出来,以有效提取轮廓特征。自然图像抠图技术提供了一种从杂乱背景中精确分离前景的工具,由于其依赖于人工标记的三分图,在行人分类任务中对行人逐一进行三分图标定是相当耗时的,在实际应用中是不可行的,鲜有研究尝试将抠图应用于目标分类任务中。因此,有必要研究一种不依赖于人工标记三分图的全自动的红外图像行人抠图算法。

1.4.2　科学原理

1. 基于全自动抠图增强的红外图像行人分类算法

针对红外图像行人分类中杂乱背景的干扰问题,文献 [188] 提出了基于全自动抠图增强的红外图像行人分类算法。图 1-21 展示了该算法的结构框图。该算法将专家驱动的算法与数据驱动的算法有机结合,主要包括基于全自动抠图的红外图像行人预处理以及基于抠图透明度遮罩的深度行人分类两个步骤。

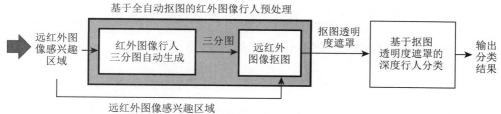

图 1-21　基于全自动抠图增强的红外图像行人分类算法结构框图

1) 利用全自动红外图像行人抠图算法,实现了对远红外图像进行图像增强预处理。经抠图预处理后的抠图透明度遮罩中杂乱的背景得到了有效的抑制且行人区域得到了增强,使得深度神经网络可以更好地学习行人轮廓特征。

2) 将预处理后的抠图透明度遮罩作为分类器的输入,利用 8 层神经网络 AlexNet 分类器对图像进行分类。算法 1-5 给出了基于全自动抠图增强的红外图像行人分类算法的整体实现过程。

算法 1-5　基于全自动抠图增强的红外图像行人分类算法

输入: 远红外图像中的感兴趣区域 I

输出: 预测 I 中是否包含行人

1: 标准化后的图像 $\tilde{I} \leftarrow standardizeImage(I)$

//1. 基于全自动抠图的红外图像行人预处理

//1.1 红外图像行人三分图自动生成

2: 人头位置 ← $locateHead(\tilde{I})$

3: 躯干位置 ← $locateBody(\tilde{I},$ 人头位置$)$

4: trimap ← $generateTrimap($人头位置, 躯干位置$)$

//1.2 远红外图像抠图

5: 通过全局采样产生候选样本

6: **for each** 未知像素 **do**

7:   **for each** 候选前景/背景像素对 **do**

8:     评价前景/背景像素对

9:   **end for**

10:   前景/背景像素对选择

11:   计算未知像素的透明度

12: **end for**

//2. 基于抠图透明度遮罩的深度行人分类

13: 将预处理获得的抠图透明度遮罩输入 AlexNet 预测 I 中是否存在行人

2. 基于全自动抠图的红外图像行人预处理算法

基于全自动抠图的红外图像行人预处理算法是基于全自动抠图增强的红外图像行人分类算法的关键，其本质为全自动的红外图像行人抠图算法，用于解决远红外图像中行人亮度与背景相似情况下难以提取轮廓特征的问题。该预处理算法主要包括两个步骤：红外图像行人三分图自动生成和远红外图像抠图。前者根据估计的行人头部及躯干位置，自动为远红外图像的感兴趣区域生成对应的行人三分图。后者对远红外图像进行抠图输出前景透明度遮罩，实现对前景区域的精确提取。

（1）红外图像行人三分图自动生成算法

抠图技术能有效地从杂乱的背景中实现精确的前景提取，有望解决红外图像行人分类中杂乱背景带来的干扰问题。由于自然图像抠图算法需要三分图作为输入，现有的三分图生成方法依赖人工标记，无法对自然图像生成三分图，因此限制了抠图在红外图像行人分类中的应用。

三分图是自然图像抠图中的重要输入，三分图的质量直接影响所获得的抠图透明度遮罩的质量。自然图像抠图依据未知区域的像素与已知区域的像素直接的相似程度估计未知区域像素的透明度。已知区域与未知区域正是由三分图划分的。

传统的三分图生成方法通过人工标记的方式划分三分图，实际应用中无法对大量的感兴趣区域进行人工标记，而现有的自动三分图生成方法基于闪光灯拍摄等特殊拍摄技术，无法为现实中大量自然拍摄的图像生成三分图。现有的三分图生成方法不适用于自动行人分类任务。针对该问题，文献 [188] 提出了红外图像行人三分图自动生成算法。该算法无须依赖用户交互，而是根据红外图像行人分类的先验知识生成三分图。产生的三分图提供了行人的头部及躯干的部分区域、部分背景区域，其余为未知区域。产生的三分图提供了远红外图像抠图所必需的信息，是实现基于全自动抠图的红外图像行人预处理的关键。红外图像行人三分图自动生成算法假设输入的远红外图像感兴趣区域中包含直立行走的行人，并尝试为行人产生合适的三分图。如图 1-22所示，该算法主要包括三个步骤：行人头部定位、行人躯干定位及三分图生成。

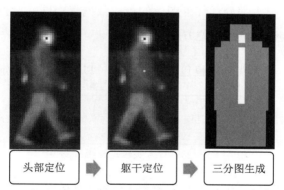

图 1-22　红外图像行人三分图自动生成算法主要步骤示意图

为了适应行人姿势的变化，红外图像行人三分图自动生成算法的行人头部定位依据解剖学研究 [51] 以及红外图像行人分类领域的专业知识，设计了基于人体部位模型的红外图像行人关键部位定位策略。对行人各部位的定位是行人三分图自动生成的关键环节，然而，行人在感兴趣区域的出现位置和姿势是千变万化的，这给行人定位带来了挑战。一旦行人身体部位定位发生偏差，产生的三分图就会包含错误标记的区域，从而造成前景提取质量显著下降。受到 Lee 等人工作 [51] 的启发，红外图像行人三分图自动生成算法使用了人体部位模型以充分利用各个部位之间的约束。由于受到杂乱背景、行人姿势的变化以及观测角度的变化等多个因素的干扰，在远红外图像的感兴趣区域中准确定位人体的所有部位是非常困难的。考虑到自然图像抠图在标记部分前景区域的情况下也能实现前景的精确提取，没有必要定位出人体所有的部位。因此，红外图像行人三分图自动生成算法中仅对行人头部以及躯干两个可实现鲁棒定位的关键部位进行逐一定位。

由于远红外图像是基于温度成像的，因此人体头部区域的亮度通常高于背景。远红外图像中头部区域的定位可以利用额外的先验知识。由于受到衣着的影响，人体躯干部分的亮度则不一定高于背景区域，因此，对人体头部的定位拥有更多的先验知识，其定位结果也更为准确、更具鲁棒性。考虑到以上因素，红外图像行人三分图自动生成算法首先对人体头部进行定位，然后利用头部和躯干部位之间的约束对躯干部位进行定位。在进行头部定位之前，该算法首先对远红外图像的感兴趣区域进行标准化处理，具体来讲就是将输入图像缩放为 $w \times h$ 大小，其中 w、h 分别表示标准化图像的宽和高。算法中标准化图像的大小与大部分远红外图像的行人数据集相同，设置为 32×64。下面分别介绍行人头部及躯干部位的定位方法。

如图 1-23 所示，行人头部定位包括头部粗定位以及头部精确定位两步。

图 1-23　行人头部定位流程图

头部粗定位的目标是寻找行人头部的大致位置，具体来说是找到一个属于头部区域的像素。首先利用头部区域亮度较高的先验知识，使用大津算法[52]对标准化后的图像进行二值化，取二值化后取值为真的像素组成候选像素集合。杂乱的背景区域可能存在噪声，造成定位的不准确。通过观测，我们发现行人的头部通常在图像中上部的中间位置，而噪声往往分布在两边。因此，我们在头部粗定位中加入了空间位置约束，加入约束后的头部粗定位可以建模为一个优化问题：

$$\min_{(x,y)\in\Omega} D\left(x_0^h, y_0^h, x, y, \lambda\right) \quad \text{s.t. } f_B(x,y) = 1 \tag{1-30}$$

其中 $f_B(x, y)$ 表示二值化图像中坐标为 (x, y) 的像素的值，$D\left(x_0^h, y_0^h, x, y, \lambda\right)$ 表示人体头部初始位置 (x_0^h, y_0^h) 与 (x, y) 之间的距离，人体头部初始位置 (x_0^h, y_0^h) 的取值为 $(\lfloor w/2 \rfloor, \lfloor h/6 \rfloor)$。其定义如下：

$$D\left(x_0^h, y_0^h, x, y, \lambda\right) = \sqrt{\left(x_0^h - x\right)^2 + \mu\left(y_0^h - y\right)^2} \tag{1-31}$$

其中 μ 是权衡横向距离代价与纵向距离代价的权值。当 $\mu = 1$ 时，$D\left(x_0^h, y_0^h, x, y, \lambda\right)$ 表示 (x_0^h, y_0^h) 与 (x, y) 之间的欧氏距离。考虑到人体头部通常在中间位置，因此，横向距离的代价应高于纵向距离，式 (1-30) 中 λ 取值应大于 1。人体头部粗定位的优化问题可以通过按 $D\left(x_0^h, y_0^h, x, y, \lambda\right)$ 距离递增的顺序遍历搜索二值图像中第一个取值为真的像素点的方式快速求解。

头部精确定位的目标是寻找行人头部的中心点。由于人体的体温在大部分情况下比背景物体的温度高，人体的头部较背景区域辐射出更多的能量，在远红外图像中表现为人体头部区域比背景区域亮。此外，远红外成像时头部中心区域有更多的能量可以射入传感器中，使得头部中心区域比头部的边缘区域更亮。因此，远红外图像中行人的头部中心点是一个局部极大值。行人头部精确定位将头部粗定位的结果 $(\widetilde{x}^h, \widetilde{y}^h)$ 作为输入，在局部区域中搜索行人头部的中心位置，最终使用亮度最高的像素的位置作为行人头部中心位置。行人头部精确定位可以建模为以下的优化问题：

$$\max_{(x, y) \in \Omega} f_S(x, y) \quad \text{s.t.} \ D\left(\widetilde{x}^h, \widetilde{y}^h, x, y, 1\right) \leqslant h_1 \tag{1-32}$$

其中 $f_S(x, y)$ 表示标准化远红外图像中坐标为 (x, y) 的像素的值，Ω 表示标准化远红外图像的像素集合。在以给定的粗略位置为中心的局部区域中定位行人头部中心的过程，可以认为是一个单峰搜索的过程，因为在远红外图像中行人头部中心点的亮度是一个局部极大值。由于单峰优化已经有成熟的解决方案，考虑求解的稳定性及速度两个关键因素，红外图像行人三分图自动生成算法选用爬山法来实现行人头部精确定位。算法 1-6 给出了所使用爬山法的伪代码，其中 w_1、h_1 分别表示行人头部区域包围盒的宽和高，其取值为 $\lfloor w/10 \rfloor$ 和 $\lfloor h/16 \rfloor$。

算法 1-6　行人头部精确定位所使用的爬山法伪代码

输入： 人体头部粗定位结果 $\widetilde{x}^h, \widetilde{y}^h, h_1$.

输出： 人体头部中心位置 x^h, y^h

1: $x^h \leftarrow \widetilde{x}^h, y^h \leftarrow \widetilde{y}^h$, 最大迭代次数 $\leftarrow h_1, i \leftarrow 0$

2: **while** $i <$ 最大迭代次数 **do**

3: 　　$x^t \leftarrow x^h, y^t \leftarrow y^h$

4: 　　**for each** $m \in \{-1, 0, 1\}$ **do**

5: 　　　　**for each** $n \in \{-1, 0, 1\}$ **do**

6: 　　　　　　**if** $f_S(x^h + m, y^h + n) > f_S(x^t, y^t)$ **then**

7: 　　　　　　　　$x^t \leftarrow x^h + m, y^t \leftarrow y^h + m$

8: 　　　　　　**end if**

9: 　　　　**end for**

10: 　　**end for**

11: 　　$x^h \leftarrow x^t, y^h \leftarrow y^t$

12: **end while**

如前文所述，在远红外图像中人体由于体温的因素相对较亮，这一特性容易受到衣着的影响。人体躯干定位在行人直立行走的假设基础上，充分利用相对鲁棒的行人头部定位信息，通过对头部与躯干的偏移量估计实现躯干的定位。受到 Lee 等人的研究启发，人体躯干定位首先依据头部定位的结果划分了躯干的感兴趣区域（region of interest），通过躯干感兴趣区域中各个像素垂直投影得到躯干感兴趣区域的累加直方图。图 1-24 展示了躯干感兴趣区域与头部定位结果相对于头部中心的位置，其中，上方黑色的点表示头部定位的结果，下方灰色区域表示躯干感兴趣区域。现有的研究通常取累加直方图中的最大值对应的 x 坐标作为躯干的水平偏移量。与现有的算法不同，红外图像行人三分图自动生成算法取累加直方图中从大到小排名前 50% 的值所对应的 x 坐标的均值作为躯干的水平偏移量 x^o。通过累加直方图中多个能量较强的位置的加权，抑制了杂乱背景带来噪声的影响。最后，人体躯干的中心位置可以通过下式获得：

$$(x^b, y^b) = (x^h + x^o, y^h + h_2/2) \tag{1-33}$$

其中，h_2 表示人体躯干的高度，其取值为 $\lfloor 3h/8 \rfloor$。此外，人体躯干定位根据人体模型的研究 [51] 对估计的人体躯干的中心位置增加了一个约束：头部中心位置与躯干中心位置的连线与垂线之间的夹角不大于 12°。一旦该约束不满足，人体躯干的水平偏移量 x^o 将被置为零，并重新计算躯干的中心位置。

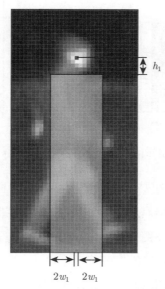

图 1-24　人体躯干的感兴趣区域示意图

下面介绍三分图的生成方式。行人三分图依据上述步骤所获得的人体头部及躯干的中心停靠各个部位的三分图模板产生。初始的三分图设置为与标准化后图像同样大小的取值全为 0 的单通道图像。将头部的三分图模板及躯干的三分图模板的锚点分别与估计的人体头部中心位置以及人体躯干中心位置对齐，人体下肢三分图模板的锚点则对齐到估计的躯干中心点。头部、躯干及下肢的三分图模板如图 1-25 所示，其中，模板中的锚点用星号表示。当模板区域重合的时候保留较大值，例如，白色与灰色区域重合时保留白色，灰色与黑色区域重合时保留灰色。

（2）远红外图像抠图

远红外图像抠图的研究目标是利用远红外图像及其对应的三分图生成可提供清晰轮廓特征的抠图透明度遮罩。通过远红外图像抠图，行人区域可得到增强，而无关的杂乱背景区域则得到了有效抑制，从而为行人分类提供清晰的行人轮廓。

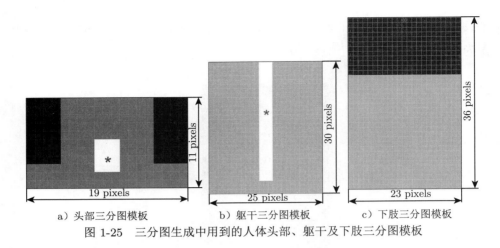

a）头部三分图模板　　　　b）躯干三分图模板　　　　c）下肢三分图模板

图 1-25　三分图生成中用到的人体头部、躯干及下肢三分图模板

由于基于采样的抠图算法在带干扰的情况下的鲁棒性较好，因此与基于传播的抠图算法相比，基于采样的抠图算法更适合面向远红外图像行人增强的抠图任务。如图 1-26 所示，图 1-26a 为红外图像；图 1-26b 为三分图；图 1-26c 为基于传播的抠图算法（K 近邻抠图算法）所获得的抠图透明度遮罩；图 1-26d 为基于采样的抠图算法（基于全局采样的抠图算法）所获得的抠图透明度遮罩。基于传播的抠图算法在传播透明度过程中容易受到噪声的干扰，导致行人的腿部未能被较好地提取；基于采样的抠图算法在噪声干扰的情况下，依然能提供高质量的抠图透明度遮罩；基于机器学习的抠图算法由于缺少训练数据，不适用于该任务。

远红外图像抠图中，我们在抠图速度与抠图精度之间权衡后选择了 He 等人提出的基于全局采样的抠图算法。该算法包括已知像素采样、前景/背景像素对评价以及透明度估计三个步骤。

在已知像素采样中，只有落在已知区域边缘上的像素被采集为样本。对于彩色可见光图像，最优的前景/背景像素对往往由于没有落在已知区域的边缘上而没有被采集为样本，造成最优前景/背景像素对丢失问题。然而，该问题在远红外图像中不容易发生。远红外图像由于成像原理不同，其分辨率远小于彩色可见光图像，低分辨率造成更大比例的已知像素将会落在已知区域的边缘区域，此处以 Rhemann 等人提出的抠图基准数据集 [53] 中名为 GT01 的图像为例进行说明。该彩色图像分辨率为 800×497，三分图已知前景区域包含 2372 个像素，1.1% 落在前景区域的边缘。若将该图像及三分图缩放到与标准化后的图像一致的 32×64 大小，则缩放后的三分图的已知前景区域包含 172 个像素，15.7% 落在已知前景区域的边缘。由于已知区域的边缘所覆盖的像素比例大幅提高，最优前景背景像素对丢失问题在远红外图像中可得到有效的缓解。

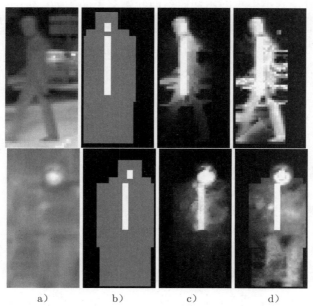

a)　　　　　　b)　　　　　　c)　　　　　　d)

图 1-26　带干扰情况下基于采样的抠图算法与基于传播的抠图算法获得的抠图透明度遮罩对比

将采样所获得的前景样本集合与背景样本集合做笛卡儿积可得到前景/背景像素对候选集合 Γ，通过前景/背景像素对评价函数对每个候选像素对进行评价，从而选出最优的前景/背景像素对。由于远红外图像无法提供颜色或纹理信息，针对彩色可见光图像设计的前景/背景像素对评价函数不能直接应用在远红外图像中。因此，在远红外图像抠图中，我们在基于全局采样的抠图算法的目标函数的基础上，提出了面向远红外图像抠图的前景/背景像素对评价函数：

$$\varepsilon = \varepsilon_i + \varepsilon_s \tag{1-34}$$

其中 ε_i 与 ε_s 分别表示亮度失真与空间代价。两者的定义如下：

$$\varepsilon_i = |i^{(U)} - (\hat{\alpha} i_k^{(F)} + (1 - \hat{\alpha}) i_k^{(B)})| \tag{1-35}$$

$$\varepsilon_s = \frac{\left\| s^{(U)} - s_k^{(F)} \right\|}{\min\limits_{j=1}^{|\Gamma|} \{ \left\| s^{(U)} - s_j^{(F)} \right\| \}} + \frac{\left\| s^{(U)} - s_k^{(B)} \right\|}{\min\limits_{j=1}^{|\Gamma|} \{ \left\| s^{(U)} - s_j^{(B)} \right\| \}} \tag{1-36}$$

其中 $i^{(U)}$ 和 $s^{(U)}$ 分别表示给定的未知像素的亮度及空间坐标；$i_k^{(F)}$、$i_k^{(B)}$ 分别表示候选集 Γ 中第 k 个前景/背景像素对的前景像素亮度及背景像素亮度；$s_k^{(F)}$、$s_k^{(B)}$ 分别表示候选集 Γ 中第 k 个前景/背景像素对的前景像素空间坐标及背景像素空间坐标。$\hat{\alpha}$ 表示给定的未知像素的估计的透明度值，其计算方式如下：

$$\hat{\alpha} = \min \left\{ 1, \frac{|i_z^{(U)} - i_k^{(B)}|}{|i_k^{(F)} - i_k^{(B)}| + \varepsilon} \right\} \tag{1-37}$$

其中 ε 是一个很小的常数，用来避免除零错误。确定了最优的前景/背景像素对后即可通过式 (1-37) 计算出抠图透明度遮罩。

3. 基于抠图透明度遮罩的深度红外图像行人分类算法

基于抠图透明度遮罩的深度红外图像行人分类算法，利用深度神经网络从基于全自动抠图的红外图像行人预处理所产生的远红外图像抠图透明度遮罩中学习行人的表征。选用深度神经网络的原因有两个：虽然在基于全自动抠图的红外图像行人预处理所提供的抠图透明度遮罩中行人的轮廓得到了增强，但专家驱动的算法的研究中仍缺少面向抠图透明度遮罩的特征提取及分类算法；以深度神经网络为代表的数据驱动的算法，已证明有能力自动地从高维数据中学习分类所需的人工难以发现的结构特征。现有的算法通常使用层数非常深的神经网络来处理复杂情况下的分类，然而，较高的计算代价限制了层数非常深的神经网络在实际场景中的应用。因此，有必要探索通过利用红外图像行人分类中的先验知识而不是加深网络的方式，实现准确分类的深度红外图像行人分类器。

文献 [188] 提出的基于抠图透明度遮罩的深度红外图像行人分类算法基于假设验证的工作方式。该算法假设每个输入的红外图像均包含行人，基于全自动抠图的红外图像行人预处理作用在每个输入图像中。该算法的工作原理如下：当输入图像确实包含行人时，经预处理获得的抠图透明度遮罩中将出现清晰的行人轮廓；当输入图像中不包含行人时，所生成三分图中已知前景区域对应非行人物体，经抠图获得的透明度遮罩中前景物体表现出的轮廓与行人轮廓不相符。利用深度学习分类算法可通过具有清晰轮廓特征的抠图透明度遮罩有效地区分行人目标与非行人目标。

考虑计算代价过高对红外图像行人分类算法在工业界应用的影响，本节比较了多个具有代表性的基于深度神经网络的表征学习算法。如表 1-12 所示，网络层数的增加往往伴随着计算时间及存储空间的增加。经过在分类性能与计算代价之间的权衡，基于抠图透明度遮罩的深度红外图像行人分类算法选用了 AlexNet 神经网络 [48] 作为行人表征学习算法，并采用了预训练模型提高其训练的精度。

表 1-12　现有的三个先进的深度神经网络关键性能指标

深度神经网络	网络层数	预测耗时	模型大小
AlexNet	8	0.243s	227.5MB
VGG	16	1.435s	537.1MB
ResNet	152	1.153s	241.4MB

4. 实验结果与讨论

本节通过 5 个实验验证基于全自动抠图增强的红外图像行人分类算法的有效性。实验在一台配有 3.1 GHz Intel Core i5 处理器以及 8 GB 内存的计算机上进行。深度神经网络在 Caffe 平台 [54] 上实现，自动抠图算法使用 C++ 语言实现。

实验在三个大型的远红外图像数据集上进行，分别是 LSI 远红外图像行人数据集 [55]、RIFIR 远红外数据集 [56] 和 KAIST 多光谱行人检测基准数据集 [57]。其中，LSI 数据集通过车载摄像头采集了 81 592 幅远红外图像，每幅图像对应一个行人检测的感兴趣区域，图像大小为 32×64。其中，53 598 幅图像作为训练集，27 994 幅图像作为测试集。训练集包含 10 208 个正样本和 43 390 个负样本，测试集包含 5944 个正样本和 22 050 个负样本。RIFIR 数据集包含 24 395 对由车载摄像头采集的远红外及可见光图像，图像大小为 48×96。RIFIR 数据集中训练集包含 34 810 幅图像，其中 9202 个为正样本、25 608 个为负样本；测试集包含 26 477 幅图像，其中 2034 个为正样本、24 443 个为负样本。KAIST 数据集在 95 324 对远红外及可见光图像中标记了 30 970 个行人区域（即正样本）。其中 12 856 个用于训练、18 114 个用于测试，标记的行人区域大小不固定。由于该数据集未提供负样本标记，实验中在不包含行人的远红外图像中随机裁剪两个大小为 32×64 的图像，共计 43 626 幅图像作为负样本。其中，18 882 个作为训练集的负样本，其余的作为测试集的负样本。实验中仅使用了远红外图像，可见光图像不参与实验。

实验中采用精度（precision）[58]、召回率（recall）[59]、准确率（accuracy）[60-61]和 F 值（F-measure）[62] 四个机器学习中常用的评价指标，来定量评价不同方法在红外图像行人分类任务上的性能。评价指标的值越大表示分类器性能越好。

基于全自动抠图增强的红外图像行人分类算法中，AlexNet 按文献 [48] 中推荐的随机梯度下降方式训练；其中，动量（momentum）设置为 0.9，重量衰减（weight decay）设置为 0.000 5。训练中批尺寸（batch size）设置为 32。

首先，通过实验讨论基于全自动抠图增强的红外图像行人分类算法中三分图自动生成所涉及的 λ 参数。表 1-13 汇总了在 LSI 数据集上基于全自动抠图增强的红外图像行人分类算法在取不同 λ 的情况下的性能指标。从表中可以发现，参数 λ 的取值对该算法的分类性能影响很小，这说明该算法对 λ 参数的设置并不敏感。由于在 $\lambda = 3$ 的情况下，该算法在四个评价指标中的三个取得了最佳的性能，因此，接下来的实验中取 $\lambda = 3$。

表 1-13 在 LSI 数据集上基于全自动抠图增强的红外图像行人分类算法在 λ 取不同值情况下的分类性能定量比较

λ 取值	$\lambda = 1$	$\lambda = 3$	$\lambda = 5$
精度	99.49%	**99.68%**	99.64%
召回率	**99.14%**	99.09%	99.04%
准确率	99.32%	**99.39%**	99.34%
F 值	99.32%	**99.38%**	99.34%

注：粗体表示不同 λ 取值中性能最好的结果。

（1）基于全自动抠图增强的红外图像行人分类算法分类性能验证实验

第一个实验的目的是验证基于全自动抠图增强的红外图像行人分类算法在红外图像行人分类任务上的性能。

本实验采用 4 个现有的红外图像行人分类算法作为性能基准，其中包括两个基于预处理的红外图像行人分类算法 IPS-AlexNet 和 Minmax-ACF[63]，以及三个先进的基于深度神经网络的分类算法 AlexNet[48]、VGG[49] 和 ResNet[50]。其中，IPS-AlexNet 是通过使用文献 [64] 中提出的自动红外图像行人分割预处理结果，作为 AlexNet 分类器的输入而产生的红外图像行人分类算法。

各个分类器的阈值通过在接收器工作特性（Receiver Operating Characteristic，ROC）曲线上选择最大化下方面积（area under curve）的点方式计算得到。在 LSI 数据集中，文献 [188] 提出的算法、IPS-AlexNet、Minmax-ACF、AlexNet、VGG、ResNet 的阈值分别为 0.246 12、0.473 12、0.5、0.185 46、0.037 98 和 0.616 26。在 RIFIR 数据集中，文献 [188] 提出的算法、IPS-AlexNet、Minmax-ACF、AlexNet、VGG、ResNet 的阈值分别为 0.574 76、0.135 96、0.5、0.001 64、0.000 10 和 0.003 86。在 KAIST 数据集中，文献 [188] 提出的算法、IPS-AlexNet、Minmax-ACF、AlexNet、VGG、ResNet 的阈值分别为 0.292 34、0.291 56、0.5、0.204 96、0.115 54 和 0.309 58。

表 1-14 汇总了基于全自动抠图增强的红外图像行人分类算法在 LSI、RIFIR 和 KAIST 数据集上与 5 个现有的红外图像行人分类算法的分类性能定量比较结果。从表中可以发现，基于全自动抠图增强的红外图像行人分类算法在三个数据集上几乎所有的性能指标均取得了优于其他分类算法的结果，这说明该算法在红外图像行人分类任务中具有更好的分类性能。实验进一步比较了文献 [188] 提出的算法和与其性能最近的 ResNet 在多次试验下的平均性能指标，平均性能指标通过重复 5 次实验并对每一个性能指标计算均值与标准差的方式获得（如表 1-14所示）。与 ResNet 相比，文献 [188] 提出的算法 4 个性能指标的均值更高且标准差更小，表示该算法不仅获得了更好的红外图像行人分类性能，而且训练结果较 ResNet 稳定。该实验结果进一步证明了基于全自动抠图增强的红外图像行人分类算法在红外图像行人分类任务上的有效性。

表 1-14　**基于全自动抠图增强的红外图像行人分类算法在 LSI、RIFIR 和 KAIST 数据集上与 5 个现有的红外图像行人分类算法的分类性能定量比较**

性能指标 （数据集）	文献 [188] 提出的算法	IPS-AlexNet	Minmax-ACF	AlexNet	VGG	ResNet
精度 （LSI）	**99.61%** （99.68 ± 0.13%）	92.49%	99.50%	97.78%	95.76%	97.96% （99.21 ± 0.76%）
召回率 （LSI）	99.33% （99.06 ± 0.18%）	81.63%	74.16%	99.26%	99.14%	**99.38%** （98.65 ± 0.77%）

（续）

性能指标 (数据集)	文献 [188] 提出的算法	IPS-AlexNet	Minmax-ACF	AlexNet	VGG	ResNet
准确率 (LSI)	**99.77%** (99.43 ± 0.19%)	87.50%	94.43%	99.36%	98.89%	99.43% (99.09 ± 0.37%)
F 值 (LSI)	**99.47%** (99.37 ± 0.07%)	86.72%	84.98%	98.51 %	97.42%	98.66% (98.93 ± 0.35%)
精度 (RIFIR)	97.05%	87.93%	76.47%	90.51%	**97.41%**	94.73%
召回率 (RIFIR)	**98.72%**	90.22%	84.66%	92.82%	94.40%	96.41%
准确率 (RIFIR)	**97.86%**	88.92%	96.82%	91.55%	95.94%	95.53%
F 值 (RIFIR)	**97.88%**	89.06%	80.35%	91.65%	95.88%	95.57%
精度 (KAIST)	**98.36%**	86.33%	95.16%	94.29%	93.06%	93.47%
召回率 (KAIST)	**95.05%**	77.82%	73.78%	94.32%	92.99%	94.98%
准确率 (KAIST)	**96.73%**	82.75%	87.33%	94.31%	93.03%	94.17%
F 值 (KAIST)	**96.68%**	81.85%	83.11%	94.31%	93.02%	94.22%

注：1. 文献 [188] 提出的算法和与其性能最接近的 ResNet 在 LSI 数据集中重复运行了 5 次实验，以获得性能指标的均值及标准差，表示方式为 (均值 ± 标准差)。

2. 粗体表示 5 个算法中性能最好的结果。

（2）基于全自动抠图的红外图像行人预处理带来的分类性能提升分析

第二个实验用于讨论文献 [188] 提出的算法获得性能提升的原因。由于文献 [188] 提出的算法所采用的 AlexNet 神经网络的结构与经典 AlexNet 是完全一样的，其区别在于经典 AlexNet 采用原始的远红外图像作为输入，而文献 [188] 提出的算法采用基于全自动抠图的红外图像行人预处理所产生的抠图透明度遮罩作为 AlexNet 网络的输入。因此，其性能提升是由基于全自动抠图的红外图像行人预处理所生成的抠图透明度遮罩带来的。

考虑到行人在远红外图像中呈现的亮度随天气和季节的变化而变化是红外图像行人分类的重要挑战，实验中采用了三种类型的数据：第一类是整个行人区域都比背景亮的正样本图像；第二类是部分行人区域比背景暗的正样本图像；第三类是不包含行人的负样本图像。图 1-27展示了基于全自动抠图增强的红外图像行人分类算法中 AlexNet 的输入图像（即抠图透明度遮罩）与经典 AlexNet 输入图像（即原始的远红外图像感兴趣区域）的对比。图 1-27a 为行人区域比背景区域亮的正样本样例；图 1-27d 为部分行人区域比背景区域暗的正样本样例；图 1-27g 为负样本；图 1-27b、e、h 为红外图像行人三分图自动生成算法分别在图 1-27a、d 和 g 上生成的三分图；图 1-27c、f、i 为基于全自动抠图的红外图像行人预处理分别在图 1-27a、d 和 g 上计算得到的抠图透明度遮罩。从图 1-27c、f 中可以发现，经过基于全自动抠图的红外图像行人预处理后得到的抠图透明度遮罩中，行人的轮廓得到显著增强，而杂乱的背景得到了有效抑制。即使在部分行人区域比背景暗的样例中，文献 [188] 提出的预处理算法依然能输出一致的增强行人且抑制背景的预处理结果。在负样本中，如图 1-27i 所示，预处理获得的抠图透明度遮罩中呈现出的清晰的轮廓特征与行人有明显差别。这是由于生成的三分图中已知前景区域对应于非行人物体，因此，抠图透明度遮罩中所提取的前景为非行人物体，其轮廓与行人有差别。由于文献 [188] 提出的预处理算法对不同情况下的正样本、负样本均能输出具有显著轮廓特征的抠图透明度遮罩，因此，文献 [188] 提出的分类算法能从预处理结果中准确地分辨行人与非行人目标，基于深度神经网络的经典分类算法则可能因为行人亮度的变化造成分类错误。

（3）基于全自动抠图的红外图像行人预处理对深度学习分类算法性能的影响分析

第三个实验的目的是验证基于全自动抠图的红外图像行人预处理是否能帮助深度神经网络提升红外图像行人分类性能。本实验涉及两类红外图像行人分类算法：基于全自动抠图的红外图像行人预处理的深度神经网络分类算法和经典的深度神经网络分类算法。前者使用如前所述的基于全自动抠图的红外图像行人预处理获得的抠图透明度遮罩作为训练及测试中的输入图像，后者则使用原始的远红外图像感兴趣区域作为输入图像。本实验使用 ROC 曲线作为性能指标。ROC 曲线描述了不同阈值下分类器的真阳率（True Positive Rate）和假阳率（False Positive Rate）。真阳率越高、假阳率越低表示分类性能越好。

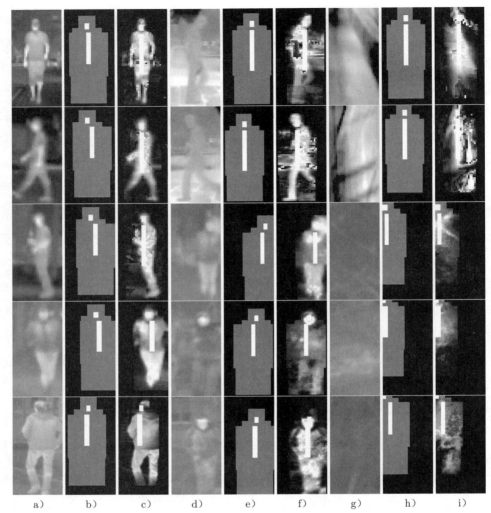

a)　　b)　　c)　　d)　　e)　　f)　　g)　　h)　　i)

图 1-27　基于全自动抠图增强的红外图像行人分类算法中 AlexNet 的输入图像（即抠图透明度遮罩）
与经典 AlexNet 输入图像（即原始的远红外图像感兴趣区域）的对比图像数据来源于 LSI
及 RIFIR 数据集

　　图 1-28、图 1-29 和图 1-30 分别展示了基于全自动抠图的红外图像行人预处理的深
度神经网络分类算法和经典的深度神经网络分类算法在三个数据集上的 ROC 曲线对
比。图中实线表示基于全自动抠图的红外图像行人预处理的深度神经网络分类算法，虚
线表示经典的神经网络分类算法。相同颜色表示采用的深度神经网络结构相同，三个基

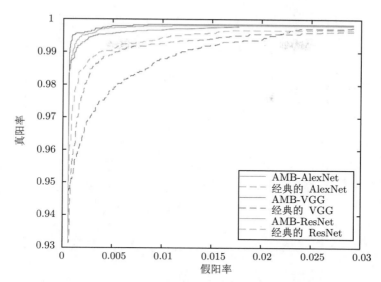

图 1-28　基于全自动抠图的红外图像行人预处理的深度神经网络分类算法和经典的神经网络分类算法在 LSI 数据集上获得的 ROC 曲线对比（见彩插）

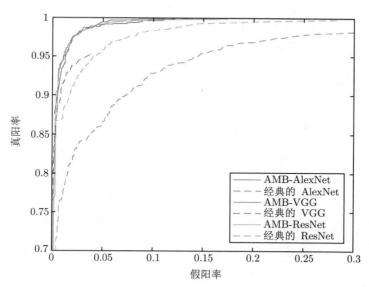

图 1-29　基于全自动抠图的红外图像行人预处理的深度神经网络分类算法和经典的神经网络分类算法在 RIFIR 数据集上获得的 ROC 曲线对比（见彩插）

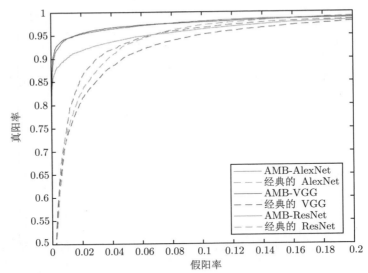

图 1-30　基于全自动抠图的红外图像行人预处理的深度神经网络分类算法和经典的神经网络分类算法在 KAIST 数据集上获得的 ROC 曲线对比（见彩插）

于全自动抠图的红外图像行人预处理的深度神经网络分类算法，在 LSI 及 RIFIR 数据集上的 AUC 指标均优于采用相同深度神经网络的经典方法，而且在假阳率较低的情况下，基于全自动抠图的红外图像行人预处理的深度神经网络分类算法的真阳率显著高于对应的经典深度神经网络分类算法。该实验结果可以归因于提出的基于全自动抠图的红外图像行人预处理增强了红外图像前景目标的轮廓特征，抑制了杂乱的背景，为不同远红外图像中的行人目标提供了一致的标准化增强，有助于行人与非行人之间的分辨。因此，基于全自动抠图的红外图像行人预处理的深度神经网络分类算法获得了更好的分类性能。该实验结果进一步说明了基于全自动抠图的红外图像行人预处理算法，可以有效提高深度神经网络的性能。值得一提的是，在 KAIST 数据集的实验中，基于全自动抠图的红外图像行人预处理的 ResNet 在假阳率低于 0.068 的情况下真阳率高于经典的 ResNet，当假阳率高于 0.068 的情况下其真阳率低于经典的 ResNet。网络层数更深的基于全自动抠图的红外图像行人预处理的 ResNet 在 KAIST 数据集上的分类性能不如基于全自动抠图的红外图像行人预处理的 VGG 和基于全自动抠图的红外图像行人预处理的 AlexNet，而在 LSI 及 RIFIR 数据集上其性能优于其余两个基于全自动抠图的红外图像行人预处理的深度神经网络分类算法。由于三个基于全自动抠图的红外图像行人预处理的算法均使用相同的数据训练与测试，这个现象可以归因于 KAIST 数据集的复杂性和 ResNet 网络层数过深带来的训练上的困难。一方面 KAIST 数据集中正样本的尺寸较小且尺寸不一，给深度神经网络学习红外图像行人的表征信息带来了困难，另一方面 ResNet 包含 152 个神经层，在复杂数据集上的训练过程容易陷入局部最优解。

为了量化基于全自动抠图的红外图像行人预处理的深度神经网络分类算法与经典的深度神经网络分类算法的性能差异，本实验进一步采用了精度、召回率、准确率、F 值四个评价指标对两类算法在三个数据集上的分类性能进行定量对比。各个分类器的阈值通过在 ROC 曲线上选择最大化下方的面积的点的方式计算得到。经典的深度神经网络分类算法和基于全自动抠图的红外图像行人预处理的 AlexNet 的阈值设置与第一个实验中一致。基于全自动抠图的红外图像行人预处理的 VGG 算法在 LSI、RIFIR 以及 KAIST 中的阈值设置分别为：0.007 22、0.962 78 以及 0.282 88。基于全自动抠图的红外图像行人预处理的 ResNet 算法在 LSI、RIFIR 以及 KAIST 中的阈值设置分别为：0.469 72、0.622 96 以及 0.309 58。实验结果如表 1-15、表 1-16和表 1-17所示。

表 1-15　基于全自动抠图的红外图像行人预处理的深度神经网络分类算法与经典的深度神经网络分类算法在 LSI 数据集上的定量红外图像行人分类性能比较

算法	精度	召回率	准确率	F 值
基于全自动抠图的红外图像行人预处理的 AlexNet	**99.61%**	99.33%	**99.77%**	**99.47%**
基于全自动抠图的红外图像行人预处理的 VGG	98.89%	99.68%	99.69%	99.28%
基于全自动抠图的红外图像行人预处理的 ResNet	98.85%	**99.83%**	99.72%	99.34%
经典的 AlexNet	97.78%	99.26%	99.36%	98.51%
经典的 VGG	95.76%	99.14%	98.89%	97.42%
经典的 ResNet	97.96%	99.38%	99.43%	98.66%

表 1-16　基于全自动抠图的红外图像行人预处理的深度神经网络分类算法与经典的深度神经网络分类算法在 RIFIR 数据集上的定量红外图像行人分类性能比较

算法	精度	召回率	准确率	F 值
基于全自动抠图的红外图像行人预处理的 AlexNet	97.05%	**98.72%**	**97.86%**	**97.88%**
基于全自动抠图的红外图像行人预处理的 VGG	**98.02%**	97.59%	97.81%	97.81%
基于全自动抠图的红外图像行人预处理的 ResNet	97.79%	97.74%	97.76%	97.76%
经典的 AlexNet	90.51%	92.82%	91.55%	91.65%

（续）

算法	精度	召回率	准确率	F 值
经典的 VGG	97.41%	94.40%	95.94%	95.88%
经典的 ResNet	94.73%	96.41%	95.53%	95.57%

表 1-17　基于全自动抠图的红外图像行人预处理的深度神经网络分类算法与经典的深度神经网络分类算法在 KAIST 数据集上的定量红外图像行人分类性能比较

算法	精度	召回率	准确率	F 值
基于全自动抠图的红外图像行人预处理的 AlexNet	**98.36%**	95.05%	96.73%	96.68%
基于全自动抠图的红外图像行人预处理的 VGG	98.11%	**95.40%**	**96.78%**	**96.74%**
基于全自动抠图的红外图像行人预处理的 ResNet	96.72%	93.00%	94.92%	94.82%
经典的 AlexNet	94.29%	94.32%	94.31%	94.31%
经典的 VGG	93.06%	92.99%	93.03%	93.02%
经典的 ResNet	94.29%	94.32%	94.31%	94.31%

如这些表中所示，除了基于全自动抠图的红外图像行人预处理的 ResNet 在 KAIST 数据集中召回率指标不如经典的深度神经网络分类算法外，基于全自动抠图的红外图像行人预处理的深度神经网络分类算法，在几乎所有的性能指标中均优于对应的经典的算法。ROC 曲线及定量对比分析结果均表明，通过全自动抠图的红外图像行人预处理算法增强，深度神经网络的红外图像行人分类性能可以得到有效提高。基于全自动抠图的红外图像行人预处理的 AlexNet（即基于全自动抠图增强的红外图像行人分类算法）在 LSI 数据集上的精度、准确率以及 F 值指标，在 RIFIR 数据集上的精度、准确率以及 F 值指标，以及在 KAIST 数据集上的精度指标均优于其余所有的算法。基于全自动抠图的红外图像行人预处理的 VGG 算法则在 RIFIR 数据集上的精度指标以及在 KAIST 数据集上的召回率、准确率以及 F 值优于其他参与实验的算法。虽然，基于全自动抠图增强的红外图像行人分类算法在 KAIST 数据集上的部分性能指标不是最好的，但是在这些指标上，它与最优的基于全自动抠图的红外图像行人预处理的 VGG 算法之间的性能差异很小。

（4）基于全自动抠图的红外图像行人预处理效果对比实验

为了验证全自动抠图的红外图像行人预处理算法的预处理效果，本实验对提出的算法及现有红外图像行人增强方法的预处理结果进行了比较。本实验采用了极小极大化增强（Min-Max Enhancement）[63] 以及基于顶帽变换的模糊增强（Fuzzy Enhancement with Top-Hat Transform）[65]，这两个最近提出的红外图像行人增强方法作为性能基准，实验中使用的数据来源于 LSI 及 RIFIR 数据集。

图 1-31展示了基于全自动抠图的红外图像行人预处理算法及现有的红外图像行人增强算法的预处理结果。图 1-31a 和图 1-31e 为远红外图像感兴趣区域；图 1-31b 和图 1-31f 为基于全自动抠图的红外图像行人预处理算法的预处理结果；图 1-31c 和图 1-31g 为极小极大化增强 [63] 获得的预处理结果；图 1-31d 和图 1-31h 为基于顶帽变换的模糊增强 [65] 获得的预处理结果。其中，前两行为行人区域比背景区域亮的样例，第 3~6 行为行人区域较暗的样例。通过观察图 1-31可以发现，当远红外图像中行人区域比较亮的时候，三个预处理算法均能提供带有清晰行人轮廓的预处理结果。当行人区域比较暗时，文献 [188] 提出的预处理算法依然能提供带有清晰行人轮廓的预处理结果，其余两个预处理算法则未能有效地对行人进行增强处理，其预处理结果不仅带有杂乱的背景，而且不能保证行人比背景亮，难以从中分辨出行人。文献 [188] 提出的预处理算法即使在行人区域比背景暗的情况下，依然能提供一致的去除杂乱背景的行人增强结果。这个实验结果解释了基于全自动抠图的红外图像行人预处理算法能有效提高深度神经网络在红外图像行人分类任务上的性能，而其他预处理算法则未能提高其性能的原因。

为了度量全自动抠图的红外图像行人预处理带来红外图像行人分类性能提高的同时所带来的计算代价，本实验对基于全自动抠图的红外图像行人预处理的深度神经网络分类算法以及经典的深度神经网络方法的计算时间及内存消耗进行了对比。实验采用从 LSI 数据集中随机选择的 1000 幅图像作为实验数据。不同方法在 1000 幅图像上的平均耗时及平均的最大内存消耗量如表 1-18 所示。基于全自动抠图的红外图像行人预处理的 AlexNet 及经典的 AlexNet 消耗的内存最少。与经典的 AlexNet 相比，基于全自动抠图的红外图像行人预处理的 AlexNet 所消耗的内存量没有增加。这是因为全自动抠图的红外图像行人预处理与神经网络是串行执行的，前者在实验中最大仅消耗 2.1MB 的内存。得益于 AlexNet 所涉及的神经层数量较少，基于全自动抠图的红外图像行人预处理的 AlexNet 及经典的 AlexNet 耗时远小于其余分类算法。与经典的 AlexNet 相比，基于全自动抠图的红外图像行人预处理的 AlexNet 的平均耗时仅增加了不到 0.02 秒。实验结果说明，基于全自动抠图的红外图像行人预处理算法以非常低的计算代价，获得了红外图像行人分类性能上长足的进步。值得一提的是，基于全自动抠图增强的红外图像行人分类算法在使用 GPU 加速后（在 GPU 加速实验中使用了 NVIDIA GTX 1080 显卡），耗时大幅降低，可实现 40 帧/秒的分类速度，完全可满足实时性应用的需要。

表 1-18　基于全自动抠图的红外图像行人预处理的深度神经网络分类算法以及经典的深度神经网络分类算法计算耗时及最大内存消耗量对比

红外图像行人分类算法	最大内存消耗量	耗时
基于全自动抠图的红外图像行人预处理的 AlexNet	1051 MB	0.262 s
基于全自动抠图的红外图像行人预处理的 VGG	1676 MB	1.454 s
基于全自动抠图的红外图像行人预处理的 ResNet	1542 MB	1.175 s
经典的 AlexNet	1051 MB	0.243 s
经典的 VGG	1676 MB	1.435 s
经典的 ResNet	1542 MB	1.153 s
基于全自动抠图的红外图像行人预处理的 AlexNet (GPU 加速)	1044 MB	0.025 s

（5）基于全自动抠图的红外图像行人分类方法局限性分析

然而，基于全自动抠图增强的红外图像行人分类算法也存在一些不足。图 1-32 展示了一些基于全自动抠图增强的红外图像行人分类算法分类错误的例子。图 1-32a、d 为正样本；图 1-32g 为负样本；图 1-32b、e、h 为红外图像行人三分图自动生成算法在图 1-32a、d、g 上生成的三分图；图 1-32c、f、i 为基于全自动抠图增强的红外图像行人分类算法在图 1-32a、d、g 上获得的抠图透明度遮罩。基于全自动抠图增强的红外图像行人分类算法在这些样例中失效的主要原因是，这些复杂的例子不满足红外图像行人三分图自动生成算法的基本假设——正样本中仅有一个行人直立行走且头部区域较背景区域亮。在图 1-32a 中存在两个行人，在红外图像行人三分图自动生成算法产生的三分图中，其中一个行人的头部区域被错误标记为已知背景区域，如图 1-32b 所示。在图 1-32e 中，由于人头定位的偏差，在红外图像行人三分图自动生成算法产生的三分图中行人的头部区域被错误标记为已知背景区域，而背景中的物体则被标记为前景区域，如图 1-32f 所示。在第三个例子对应的三分图（如图 1-32h 所示）中属于背景的紫色、粉色及红色的物体被部分标记为已知前景、部分标记为已知背景。上述例子中三分图的错误标记导致获得的抠图透明度遮罩不能有效地刻画前景物体的轮廓（如图 1-32c、f、i 所示），造成分类器预测错误。

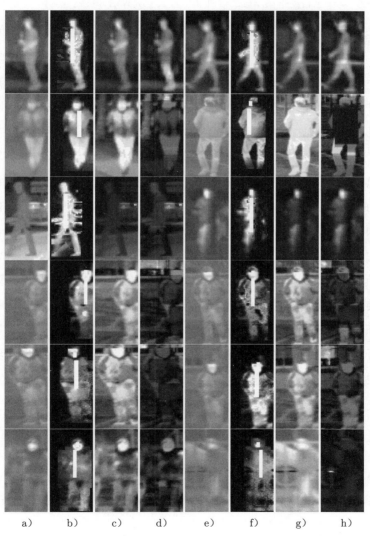

a)　　b)　　c)　　d)　　e)　　f)　　g)　　h)

图 1-31　基于全自动抠图的红外图像行人预处理算法与两个现有的红外图像行人增强方法的预处理结果比较（见彩插）

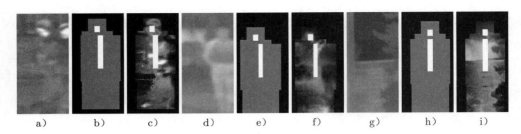

图 1-32   基于全自动抠图增强的红外图像行人分类算法分类错误的例子（见彩插）

1.4.3   小结

本节以红外图像行人分类任务为例，讨论了抠图三分图的自动生成问题，探索了利用红外图像行人分类领域的专家知识，实现面向红外图像行人目标的三分图自动生成研究思路，扩展了自然图像抠图技术在红外图像行人分类领域的应用前景。在自然图像抠图的基础上，通过基于人体头部及躯干定位的三分图的自动生成，实现了基于全自动抠图的红外图像行人预处理，并将其与数据驱动的红外图像行人分类算法有机结合，提出了基于全自动抠图增强的红外图像行人分类算法。实验结果表明，基于全自动抠图的红外图像行人预处理可以有效地增强前景的轮廓特征，同时抑制无关的背景，为行人目标提供了一致的显著轮廓特征。基于全自动抠图增强的红外图像行人分类算法，在多个数据集上几乎所有的性能指标均优于现有的数据驱动的红外图像行人分类算法及专家驱动的行人分类算法。此外，通过将基于全自动抠图的红外图像行人预处理得到的透明度遮罩作为训练的输入数据，现有的先进深度神经网络在红外图像行人分类任务上的性能可以得到显著提高，且预处理带来的计算开销非常低。基于全自动抠图的红外图像行人预处理在红外图像行人三分图自动生成的基础上，通过抠图提供的一致的行人轮廓特性，实现了提升深度神经网络性能一种低成本的解决方案。

第 2 章

智能算法在物流规划领域的应用

本章介绍智能算法在智能物流领域的双层物流配送问题中的应用，主要包括智能物流优化案例分析，以及如何利用基于图的模糊进化算法来求解双层车辆路径优化问题。

2.1 研究进展简述

随着物流领域的不断发展，越来越多的货运车辆投入到城市物流运输之中，尽管这样的趋势在一定程度上给城市物流带来了极大的便利，但同时也给城市交通管理和环境保护带来了巨大的挑战。因此，研究人员提出了一种双层物流配送系统，在该系统中，先由大型货车将货物从仓库运送到中转站，再由中转站的小型货车进行配送来完成最后一段路程的货物运输。这种双层物流配送系统可以有效地把大型货车限制在城外，在一定程度上减少了大型货车在城市内的行驶里程。然而，构建双层物流配送系统往往需要求解双层车辆路径规划问题（2E-VRP），该问题是一种比经典路径规划问题更复杂的 NP-hard 问题。目前大规模双层车辆路径问题作为城市物流领域前沿核心的复杂规划难题，具有极高的研究意义和学术价值。华南理工大学软件学院智能算法实验室借鉴当前求解 2E-VRP 问题的一些算法的优点，从用户之间的模糊相关性出发，针对大规模路径优化问题中双层分配的复杂性，提出了一种求解 2E-VRP 问题的基于图的模糊进化算法（GFEA）[66]。该算法既提高了双层车辆路径问题的求解性能，也为城市物流多层次运输调度提供了高效而可行的实施方案。下面我们给出一些基于该算法的应用案例。

案例一为物流多层次调度方案演示软件，如图 2-1所示，该案例结合相关的智能算法来解决实际问题，如搅拌站选择问题、单层车辆路径问题、双层车辆路径问题等。目前，该成果已经成功应用在广州、南宁等多个重要城市的规划设计方案中，大大地提高了规划的质量与规划人员的工作效率，取得了明显成效。不仅如此，该项成果还成功应用在国内知名物流企业的冷链物流系统中。

图 2-1　物流多层次调度方案演示软件示意图

案例二为大型港口优化项目，如图 2-2所示，该项目综合应用了各类信息技术、控制技术、运营管理技术、港口资源以及电子商务技术等，通过 GFEA 求解 2E-VRP 问题的思想，来实现港口人力、资金、物资、设备以及其他资源的互联共享，从而对港口实行横向贯通、纵向可控的全方位管理。从上述案例可以看出，GFEA 在求解大规模路径优化问题上具有一定的优势，这归功于它能避免不合理的分配关系所引起的不同中转站变更问题，使评价函数的估计次数减少。另外，每代种群的不同个体信息交换估计的模糊分配图，使 GFEA 在迭代分配学习过程中保持了种群的优势。GFEA 在一定程度上仍需进一步改进，例如，基于图的模糊算子对模糊子集的数目很敏感，影响解决方案评估的模糊分配指标也需要进一步讨论。

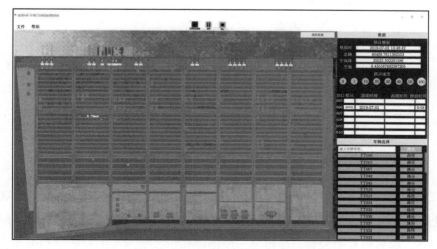

图 2-2　大型港口优化项目演示图

2.2　科学原理

2.2.1　问题描述

在智能配送过程中，货物并不直接运送给目标客户，而是需要通过卫星站作为临时仓库中转。首先，货物由载重能力强的车辆运往卫星站，然后，再由小型车辆将货物从卫星站配送给目标客户，如图 2-3 所示。

在一个带权的无向图 $G(V, E)$ 上，V 代表图的顶点集，E 代表图的边集。$V = V_d \bigcup V_s \bigcup V_c$，其中 V_d 是仓库顶点集，V_s 是卫星顶点集，V_c 是顾客顶点集。在双层车辆路径优化问题中，仓库集的顶点数是 1，卫星集的顶点数是 m，顾客集的顶点数是 n。$E = E_1 \bigcup E_2$，第一层路径 E_1 与第 2 层路径 E_2 将图 G 的边集分成两部分。$E_1 = \{\{i, j\} : i < j, \ i, j \in \{v_0\} \bigcup V_s\}$，第一层路径包括仓库与卫星之间的路径，以及卫星之间的路径。第一层路径上卫星顶点的需求允许被拆分。$E_2 = \{\{i, j\} : i < j, \ i, j \in V_s \bigcup V_c, \{i, j\} \notin V_s \times V_s\}$，第二层路径包括卫星与顾客之间的路径以及顾客之间的路径。

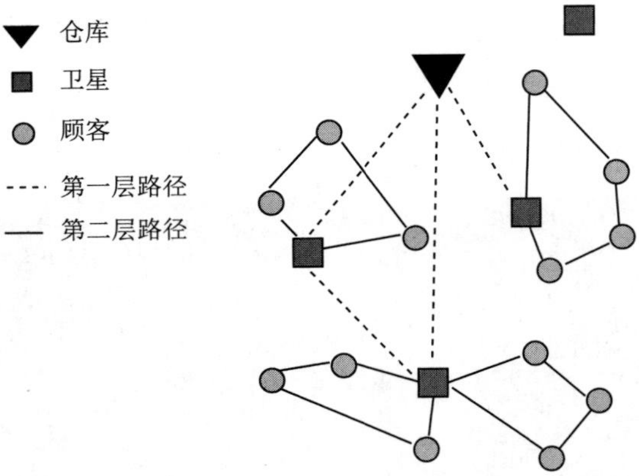

图 2-3 双层车辆路径优化问题的可行解的一个实例

在第二层路径上，顾客顶点 i 与顾客顶点 j 之间的路径权重为 c_{ij}。每一个顾客的需求为 d_i，且必须一次完成服务。双层车辆路径优化问题的主要目标就是在满足各层车辆容量的限制下，服务所有的顾客，使得第一层路径与第二层路径的权值之和最小化，具体的数学模型如下：

$$\min \sum_{r \in R_1 \bigcup R_2} p_r x_r \tag{2-1}$$

$$\sum_{r \in R_1, s \in V_s} q_{rs} \leqslant Q_1 x_r \tag{2-2}$$

$$d_r \leqslant Q_2, \quad r \in R_2 \tag{2-3}$$

$$\sum_{r \in R_1, s \in V_s} q_{rs} = \sum_{r \in R_2, s \in V_s} d_r x_r S_{rs} \tag{2-4}$$

$$\sum_{r \in R_2, c \in V_c} \text{visited}_{rc} x_r = 1 \tag{2-5}$$

$$\sum_{r \in R_1} x_r \leqslant b_1 \tag{2-6}$$

$$\sum_{r \in R_2, c \in V_s} x_r S_{rc} \leqslant b_2 \tag{2-7}$$

$$q_{rs} \geqslant 0 \quad r \in R_1, s \in V_s \tag{2-8}$$

$$0 \leqslant s \leqslant m, 0 \leqslant c \leqslant n \tag{2-9}$$

$$x_r \in \{0, 1\} \quad r \in R_1 \bigcup R_2 \tag{2-10}$$

$$S_{rs} \in \{0, 1\} \quad r \in R_2, s \in V_s \tag{2-11}$$

$$\text{visited}_{rc} \in \{0, 1\} \quad r \in R_2, c \in V_c \tag{2-12}$$

式（2-1）中 p_r 是 r 的权值，R_1 是第一层路径上的所有路径，R_2 是第二层路径上的所有路径。因此，对于任何路径 $r \in R_1 \cup R_2$，我们定义变量 x_r：

$$x_r = \begin{cases} 1 & \text{如果路径 } r \text{ 在可行解中} \\ 0 & \text{其他} \end{cases} \tag{2-13}$$

式（2-2）和式（2-3）分别指第一层与第二层路径上每条路径 r 的容量不能超出车辆的载重量。其中 Q_1 与 Q_2 是第一层与第二层车辆的容量，q_{rs} 是卫星节点 s 在第一层路径上需要的载重量，$d_r = \sum_{c \in V_c} d_c \ (r \in R_1)$，是第一层路径上卫星节点的载重量。式（2-4）是指对于一个确定的卫星节点，第一层的货物量应该与第二层的货物量保持一致。变量 S_{rs} 的定义如下：

$$S_{rs} = \begin{cases} 1 & \text{如果路径 } r \text{ 的开始与结束节点都是卫星节点 } s \\ 0 & \text{其他} \end{cases} \tag{2-14}$$

式（2-5）确定每个顾客只能服务一次。式（2-6）和式（2-7）是指第一层与第二层路径的车辆数不能超过限制，b_1 与 b_2 是第一层与第二层的可用车辆数。Visited_{rc} 指的是顾客 c 是否被路径 r 访问过。式（2-8）～ 式（2-12）是指变量的取值范围限制。

通过上面的定义，我们可以看出双层车辆路径优化问题的第一层路径是由第二层路径决定的，也可以将其简单地理解为仓库–卫星以及卫星–顾客的两个分配子问题。事实上，我们把仓库、卫星以及顾客看成三组异构对象，把卫星看成对象中心，不难发现，双层车辆路径优化问题其实是一个特殊相容二部图结构的优化问题。

2.2.2 问题分析

如图 2-3所示，2E-VRP 可以用一个加权的无向图 $G(V, E)$ 来表示，其中 V 和 E 分别代表顶点集和边集。顶点集 V 由仓库节点 V_0、m 个中转站的子集 V_s 和 n 个用户

的子集 V_c 组成；边集 $E = E_1 \cup E_2$，其中，E_1 为第一层路径组成的边子集，E_2 为第二层路径组成的边子集。可以将 2E-VRP 问题简单理解为在给定约束条件下，设计第一层和第二层路线的整体规划，考虑到不同运输层的车辆数以及车辆的载重量有所差异，第二层路径上的 VRP 子问题个数往往是不确定的，仅仅通过距离信息或其他简单的信息很难将第一层与第二层的 VRP 子问题完全分离，这给构建双层物流配送系统的研究带来了巨大的挑战。不仅如此，随着 2E-VRP 问题规模的增加，中转站–用户之间的分配关系也会变得更加复杂。

2.2.3　算法设计

针对双层车辆路径优化问题中的卫星–顾客分配的不确定性问题，本章介绍了一种模糊进化的启发式分配方法，该方法重点考虑第二层路径上的卫星–顾客匹配问题。第一层路径上的卫星的需求，就是第二层路径中服务于该卫星的顾客需求之和，且第二层路径上的卫星–顾客的改变会直接影响第一层路径的路线安排。此外，卫星–顾客的分配将双层车辆路径优化问题分解为一系列路径优化子问题，对于同时服务于同一卫星或者同一条路径的顾客之间应该存在某种相关性，也就是顾客之间的相关性影响了各个路径优化子问题的划分。

顾客之间的相关性直接影响了卫星–顾客的分配问题，也就是双层车辆路径优化问题中各个路径优化子问题的求解。为了描述顾客之间的相关性对卫星分配的影响，本节采用模糊集相关理论来分解顾客集之间的关系，也就是采用模糊分配流程求解双层车辆路径优化问题中的各个子问题，如图 2-4所示。

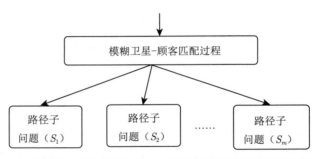

图 2-4　模糊进化启发式算法求解双层车辆路径优化问题的主要思想

基于图的模糊进化算法流程如算法 2-1 所示。在初始化步骤中，随机生成 N 个初始解。然后，使用模糊分解算法获得模糊子集，模糊分配策略是先通过模糊子集和卫星之间的匹配作为启发式信息，协同获取双层车辆路径优化问题的第二层路径，并采用迭代学习模糊卫星–分配过程更新子代种群。基于图的模糊进化算法首先构造初始种群，采用统计模糊估计方法来构造当代种群的模糊分配图，在此基础上迭代学习双层路径的分配关系，设计不同的模糊启发式算子生成下一代新解，最终构造出能够解决大规模用户需求的双层路径分配问题的新方法。图 2-5 展示了采用统计模糊估计所构造的种群模糊分配图，为了提高第一层路径构造的搜索效率，基于概率图采用模糊邻域搜索策略来寻找更有效的搜索路径。

算法 2-1 基于图的模糊进化算法基本框架

输入： 双层路径问题的用例数据：顾客模糊子集数 N_{cf}，种群个数 N，顾客集 V_c，中转站集 V_s

输出： 最优解 S_r

//初始化

1）$s_r = \varnothing$。

2）随机构造初始种群 pop，生成分配图 G^*。

//模糊分配策略：

while 终止条件不满足 **do**

1）从种群 pop 选由 2/N 个较好的个体，得到顾客与中转站配送的模糊等价矩阵 R

2）对模糊等价矩阵 R 进行分解得到模糊子集 $A_k, k = 1, 2, \cdots, N_{cf}$。

3）将中转站集 V_s 与模糊子集 A_k 进行匹配。

4）设 $i = 1$。

5）对每一个种群个体 $p_i (p_i \in \text{pop})$，采用基于模糊子集和分配图 G^* 的模糊局部搜索策略得到每个中转站节点和顾客节点的模糊匹配权值。

6）采用模糊局部搜索策略更新第二层，采用模糊邻域选择策略构造种群个体的第一层路径，得到新的个体 p_i'。

7）用 p_i' 更新 s_r, if $C(p_i') > C(s_r)$。

8）设 $i \leftarrow i + 1$. if $i \leqslant N$. 返回步骤 4）。

9）对种群 pop 的个体进行排序并选出 $N/2$ 个较好的个体，且随机生成 $N/2$ 个新的个体，对其进行合并更新种群 pop 与分配图 G^*。

end while

在模糊分配图的基础上，我们通过分解当前种群用户之间的模糊关系矩阵，获取一系列具有特定关系的模糊用户子集，如图 2-6 所示。该算法将模糊子集作为启发式信息，设计相应的模糊操作算子，最终获取 2E-VRP 问题的第二层优化路径。

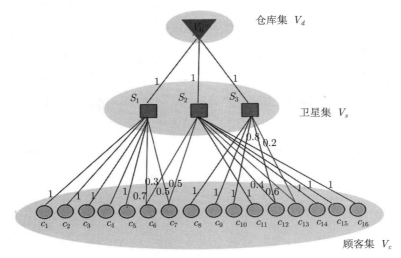

图 2-5   种群模糊分配图

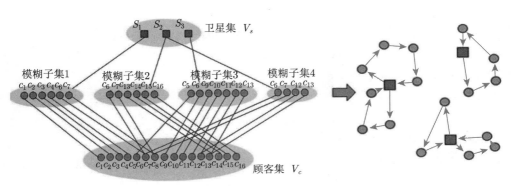

图 2-6   具有特定关系的模糊用户子集

2.2.4   算法分析

为了分析模糊分配启发式策略对求解双层车辆路径优化问题的可行性，定义模糊分配性能系数 F_a 来评价模糊子集与卫星匹配对问题的贡献，对每一个种群个体 p_i，F_a 定义为：

$$F_a = \sum_{i=1}^{n_s} Fp_i \tag{2-15}$$

式 (2-15) 中 p_i 为种群的每个个体，Fp_i 为个体 p_i 中第二层路径每个卫星与其关联的模糊子集之间的平均分配系数，n_s 指的是卫星的个数。模糊分配性能指标用来衡量顾客集上的模糊关系对卫星–顾客分配的影响。

模糊卫星–顾客分配与可行解性能之间的关系，我们通过样本相关系数来说明。对于每个测试样例，运行 30 次独立实验，向量 $\{f_1', \cdots, f_l'\}$ 对应每次实验获取的最优解的倒数，向量 $\{Fa_1, \cdots, Fa_l\}$ 对应的是每个可行解获取的模糊分配性能系数。模糊分配性能向量与可行解相关向量之间的相关系数 ρ 为：

$$\rho = \frac{\sum\limits_{i=1}^{l}(f_i' - \overline{f_i'})(Fa_i - \overline{Fa_i})}{\sqrt{\sum\limits_{i=1}^{l}(f_i' - \overline{f_i'})^2}\ \sqrt{\sum\limits_{i=1}^{l}(Fa_i - \overline{Fa_i})^2}} \tag{2-16}$$

式 (2-16) 中 l 指的是独立实验执行的次数，f_i' 为可行解的倒数，定义为

$$f_i' = \frac{1}{f_i} \tag{2-17}$$

图 2-7所示是四个测试集上所有测试用例相关系数 ρ 的箱图，相关系数 ρ 反映的是模糊分配向量与最优解向量之间的关联性。在测试集 Set 2 与 Set 3 中，相关系数 ρ 的

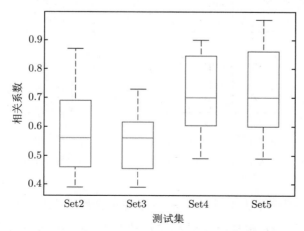

图 2-7　四个测试集（Set 2、Set 3、Set 4 和 Set 5）上的测试用例相关系数 ρ 的箱图

值基本大于 0.4，最优解权值的变化也是与模糊分配值相关的。在测试集 Set 4 与 Set 5 中，相关系数 ρ 的值基本大于 0.6，最优解权值的变化与模糊分配值之间存在密切的关系。总的来说，模糊分配值与最优解的倒数是正相关的，也就是说模糊分配值越大，最优解的权值越少。对于大规模测试集，也就是卫星数较多、顾客分布更复杂的情况，模糊卫星–顾客分配过程能为双层车辆路径优化问题提供更好的解决方案。

2.2.5 实验分析

为了阐述本章介绍的模糊进化分配启发式算法在大规模测试样例的性能，在图 2-8 中给出了 GFEA、GRASP[67]、LNS-2E[68] 和 ALNS[69] 对 Set 5 实例的箱图。图 2-8 中的结果显示，GFEA 算法在测试集 Set 5 中大多数测试实例上获得的可行解比其他三种算法更稳定。GFEA 算法比 GRASP 算法获取的可行解要好，这主要是因为模糊卫星–顾客分配方法比 GRASP 算法中基于距离聚类的分配方法有效。此外，与 LNS-2E 和 ALNS 相比，GFEA 能获得更加鲁棒的可行解。

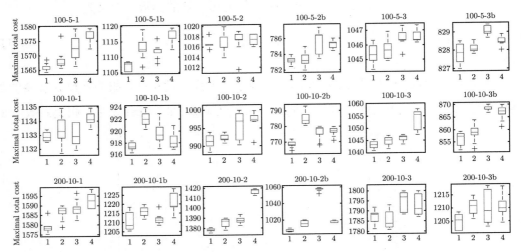

图 2-8   测试集 Set 5 中测试用例在 30 次独立实验中获取最坏可行解的箱图，其中 x 轴上的 1、2、3 和 4 分别代表 GFEA 算法、LNS-2E 算法、GRASP 算法和 ALNS 算法

表 2-1 显示了不同的算法在测试集 Set 5 上的实验数据结果。列名称"Average""Std"和"T(s)"分别显示 30 次独立实验结果的平均权值、标准差和平均执行时间。在

表 2-1 中，若 LNS-2E 算法、GRASP 算法和 ALNS 算法在测试样例中的平均值有加粗标注，说明从显著统计数据上来讲该算法结果优于 GFEA 算法。若 LNS-2E 算法、GRASP 算法和 ALNS 算法在测试样例中的平均值有下划线标注，说明从显著统计数据上来讲 GFEA 算法优于其他算法。若 LNS-2E 算法、GRASP 算法和 ALNS 算法在测试用例中的平均值没有任何符号标注，则说明 GFEA 算法与其他三个算法无明显差异。独立运行 30 次实验，并将 GFEA 算法与 LNS-2E 算法、GRASP 算法和 ALNS 算法进行非参数估计，不妨设显著性水平为 $\alpha = 0.05$。如测试集 Set 5 中的测试用例 100-5-1，实验统计 GFEA 的平均权值是 1565.46，而 LNS-2E 算法的平均权值是 1566.87，GRASP 算法的平均权值是 1569.42，ALNS 的平均权值是 1578.4。显然，从统计上分析 GFEA 的显著性性能是最好的，因此，对 GFEA 算法的平均值标星号，对其他三个算法的平均值标下划线。对于测试用例 100-10-3，GRASP 算法（其平均权值为 1043.57）的统计显著性性能要优于其他算法，因此，对其平均值标星号，在该测试用例中，GRASP 算法的性能优于 GFEA 算法，故对其加粗。而对于 LNS-2E 算法与 ALNS 算法，其统计上的性能并未优于 GFEA 算法，故未加粗。在表的底部有两个额外的行，"w-d-l" 指的是 GFEA 与其他算法比较，其中 w、d、l 分别代表的是性能优于某算法的测试用例个数、与某算法差不多的测试用例个数以及劣于某算法的测试用例个数。表中没有性能差异的测试用例个数以及性能差于其他测试用例的个数。最后一行指的是算法在某个性能特征上所有测试用例的平均值。

从表 2-1 中的结果可以看出，GFEA 算法在大多数测试用例下实验的平均权值结果优于 LNS-2E 算法、GRASP 算法和 ALNS 算法。与 ALNS 算法相比，GFEA 算法明显有更多的优势。对于测试用例 Set 5 中的 18 个测试用例，GFEA 有 16 个优于 ALNS 算法。特别是对于大规模测试集 Set 5，只有 5 个测试用例（100-5-2b、100-5-3b、100-10-1、100-10-2b 和 100-10-3）的 GFEA 算法稍逊于 LNS-2E 算法，且其平均权值相差并不大。同样，GFEA 算法的性能也优于基于卫星–顾客分配的 GRASP 算法。对于测试用例 Set 5 中的 18 个测试用例，GFEA 有 16 个优于 GRASP 算法。与当前求解双层路径优化问题的 LNS-2E 算法相比，GFEA 也具有竞争力。这主要是因为 GFEA 算法的模糊分配策略减少了不同卫星之间的修复与破坏操作，从而使双层车辆路径优化问题能获取更稳定的解。此外，在大规模测试集 Set 5 中，GFEA 的执行时间基本上都要少于

LNS-2E 算法，这主要是因为模糊分配减少了不同卫星的频繁搜索过程，从而减少了不必要的评价次数。

表 2-1 测试集 Set 5 上的实验数据结果展示

测试用例	GFEA			LNS-2E			GRASP			ALNS		
	Average	Std	T(s)	Average	Std	T(s)	Average	Std	T(s)	Average	Std	T(s)
100-5-1	1565.46*	1.80	34	1566.87	0.00	65	1569.42	5.27	140	1578.4	4.28	235
100-5-1b	1108.62*	2.30	32	1111.93	2.13	60	1111.98	3.56	132	1118.95	1.34	155
100-5-2	1016.32*	2.70	41	1017.94	5.27	79	1017.34	6.41	178	1016.36	7.51	183
100-5-2b	783.18	4.90	33	**782.25***	3.56	45	786.04	7.92	130	785.02	8.59	130
100-5-3	1045.29*	3.90	20	1045.61	6.41	31	1046.67	9.18	99	1046.17	10.10	124
100-5-3b	828.99	0.01	21	**828.54***	7.92	42	829.87	4.92	92	828.99	3.12	99
100-10-1	1132.23	3.98	45	**1132.11***	1.18	39	1132.23	12.31	120	1133.17	8.37	169
100-10-1b	917.01*	2.56	64	922.85	4.92	68	917.05	6.53	210	917.35	9.12	205
100-10-2	990.58*	4.09	79	991.61	8.31	92	991.78	1.05	180	997.42	3.02	204
100-10-2b	768.65*	1.28	56	786.66	6.53	103	777.98	4.08	160	773.56	7.14	174
100-10-3	1043.65	3.57	78	1043.55	1.05	78	**1043.57***	2.97	98	1055.88	6.03	648
100-10-3b	853.12*	3.05	45	858.72	4.08	89	867.32	4.35	120	863.42	4.39	205
200-10-1	1575.79*	3.01	68	1598.46	6.97	132	1587.12	4.38	187	1697.83	5.01	220
200-10-1b	1209.62*	2.58	78	1217.23	1.35	148	1210.18	5.12	189	1225.61	6.10	189
200-10-2	1375.74*	0.19	89	1376.16	4.38	155	1389.94	4.17	170	1419.94	3.22	173
200-10-2b	1004.15*	1.09	100	1016.05	5.12	145	1057.90	9.01	147	1018.83	5.12	147
200-10-3	1788.03*	0.08	98	1789.44	4.17	210	1792.49	8.24	111	1799.76	4.5 7	625
200-10-3b	1201.92*	1.26	120	1206.85	8.01	180	1203.61	12.16	164	1208.61	17.36	194
#. of 'w-d-l'				12-3-3			11-6-1			13-5-0		
平均值	1122.69	2.35	61	1127.38	4.52	97.83	1129.58	6.20	145.94	1138.07	6.46	226.61

2.3 本章小结

本章介绍了一种基于图结构信息的模糊进化算法来求解大规模双层车辆路径优化问题。为了解决双层路径之间的分配问题，可将基于图结构的模糊算子应用到进化算法的迭代学习中。采用模糊分配图的启发式搜索的策略既提高了种群的进化优势，又避免了不同中转站之间的冗余搜索，之后再通过基于图结构的模糊分配过程从父代个体的模糊分配图中更新种群。最后，通过公共测试集上的实验验证基于图结构的模糊进化算法的有效性。该章节内容的相关代码详见：http://www2.scut.edu.cn/huanghan/fblw/list.htm。

第 3 章

智能算法在软件测试领域的应用

本章介绍智能算法在软件工程领域中的软件测试用例自动生成方法，在雾计算、自然语言处理等问题中的应用。其中，3.1 节介绍利用智能优化算法自动生成雾计算程序测试用例；3.2 节介绍智能算法在自然语言处理程序测试用例生成问题中的应用。

3.1 软件测试开销过大如何解决——从 ATCG 问题开始

3.1.1 研究进展简述

近年来，在软件开发过程（如图 3-1所示）中，据统计有 50% 的开销来自测试环节。软件测试的主要目的是以最少的人力、物力和时间找出软件中潜在的各种缺陷和错误，通过修正这些缺陷和错误提高软件质量，以避免软件发布后由于潜在的软件缺陷和错误造成的隐患。其中黑盒测试和白盒测试是两种常见的测试类型，黑盒测试着重于评估测试程序的表现，白盒测试则能够揭露程序逻辑上的潜在缺陷。而测试用例自动生成（ATCG）问题是一类迫切需要解决的白盒测试问题，以往测试用例的自动生成大多通过人工手段实现，ATCG 问题的解决可以有效减少软件测试过程中人力、物力资源的开销。为了解决软件测试环节人力、物力和时间等方面的开销问题，华南理工大学软件学院智能算法实验室展开了一系列对测试用例自动生成问题的研究，现已成功在 IEEE

TII 上发表了针对 ATCG 的"测试用例–路径"关系矩阵的研究成果[71]。下面回顾本研究工作的发展进程与相关成果。

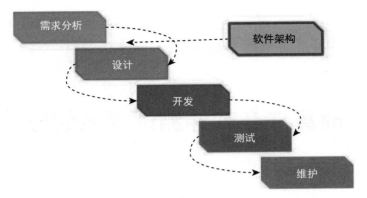

图 3-1　软件开发过程示意图

首先，本工作从雾计算程序中的 ATCG-PC 问题背景出发，在了解整个雾计算系统（如图 3-2所示）概念的前提下，我们可知雾计算程序中 ATCG-PC 问题的目标就是要最大化路径覆盖率，同时测试用例开销也需要尽可能控制到最小。而在解决 ATCG 的问题上，雾计算程序只是作为对比的基准测试函数（benchmark function）；路径覆盖测试用例自动生成问题的需求，其实就是在有限的测试用例开销内，找到覆盖基准测试函数中所有可行路径的测试用例。那么，针对目前仍有一些路径并不能被测试用例覆盖的问题，智能算法实验室提出了一种基于"测试用例–路径"关系矩阵的差分进化（Relationship Programming Different Evolutionary，RP-DE）算法。

RP-DE 算法通过收集测试用例变量与路径节点相关性，找出测试用例编码空间中与覆盖路径相关的同胚低维欧氏空间（与目标路径相关的测试用例编码维度构成的搜索空间）[189]，并通过关系矩阵中的信息指导算法，分配更多的计算资源用于搜索该同胚低维欧氏空间，从而减少算法的测试用例开销，提升算法搜索效率。

该算法的流程主要先初始化种群和关系矩阵 R 的初始工作，然后不断重复 DE 算法的变异和交叉操作、使用"测试用例–路径"关系矩阵覆盖目标路径这两步，直到最后满足终止条件，即当路径覆盖率 c 为 100% 或者生成的测试用例数目 T 大于等于预设最大测试用例开销（Max）时，算法停止退出。算法框架如图 3-3所示。

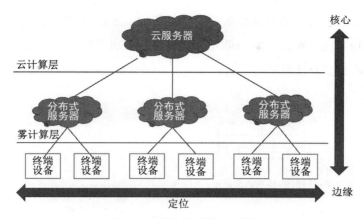

图 3-2　雾计算系统示意图

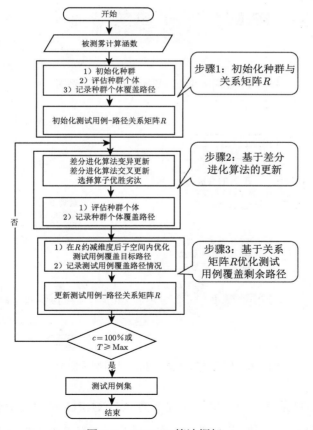

图 3-3　RP-DE 算法框架

基于上述算法思想，本节立足雾计算工具包 iFogSim 中常用的几个函数作为基准测试函数，成功实现了对该工具的单元测试用例的生成工作，下面的图 3-4 和图 3-5 便是使用关系矩阵更新测试用例的示例。

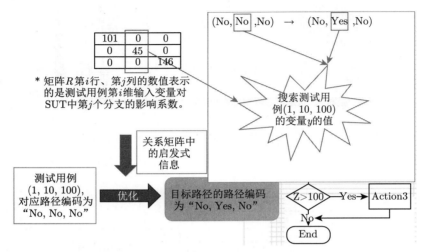

图 3-4　使用关系矩阵更新测试用例示例图（1）

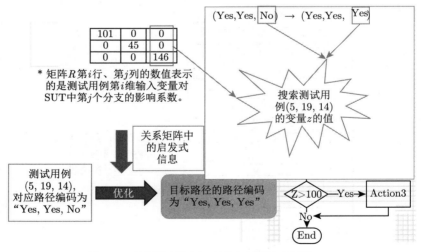

图 3-5　使用关系矩阵更新测试用例示例图（2）

在本节中，我们提出了一种雾计算程序的 ATCG-PC 问题数学模型，该问题为单目标优化问题，每个测试用例仅需评估一次，并且可以解决面对雾计算程序以及其他具有不可覆盖路径时，以全路径覆盖为目标的数学模型无法对比算法性能的问题；还提出了 RP-DE 算法，在测试雾计算程序以及其他测试程序的单元测试中，该算法相对对比的算法均拥有显著的优势，具有较强的鲁棒性。

3.1.2 科学原理

1. 问题描述

本节将介绍 ATCG-PC 问题数学模型。针对一定开销内的最大化目标覆盖率模型如下：$X = \{x_1, x_2, \cdots, x_N\}$ 表示决策空间内候选解集合，N 是一个很大的数，遍历所有的候选解开销过大，$P_0 = \{p_1, p_2, \cdots, p_L\}$ 表示路径集合，T 表示测试用例评估次数。Max 表示最大评估次数。路径覆盖测试用例自动生成（ATCG-PC）问题可建模为：

$$\text{最大化} \quad c\,(路径覆盖率)$$

满足约束：

$$c = \frac{l}{L} \times 100\% \tag{3-1}$$

$$l = \sum_{j=1}^{L} \min\{1, \sum_{i=1}^{T} \Theta_{ij}\} \tag{3-2}$$

$$T \leqslant \text{Max} \tag{3-3}$$

$$\Theta_{ij} = \begin{cases} 1 & 测试用例\ X_i\ 覆盖路径\ p_j \\ 0 & 其他 \end{cases} \tag{3-4}$$

$$\sum_{j=1}^{L} \Theta_{ij} = 1 \tag{3-5}$$

$$X_i = (x_{i,1}, \cdots, x_{i,k}, x_{i,k+1}, \cdots, x_{i,n})$$

$$x_{i,j} \in Z, \quad lb_j \leqslant x_{i,j} \leqslant ub_j \tag{3-6}$$

$$x_{i,j'} \in R, \quad lb_{j'} \leqslant x_{i,j'} \leqslant ub_{j'}\, 1 < i \leqslant N; j = 1, 2, \cdots, k; j' = k+1, k+2, \cdots, n$$

其中约束条件 (3-1) 和式 (3-2) 定义了变量 c 表示被覆盖路径占总路径的比例，约束条件 (3-3) 和 (3-4) 使用中间变量 θ_{ij}，定义了路径覆盖条件下，每个测试用例覆盖有且仅有一条路径，约束条件 (3-5) 是对算法搜索开销的约束条件，问题的最大评估次数小于预设的最大值 Max，约束条件 (3-6) 定义了 ATCG-PC 问题的决策空间取值范围与变量类型的约束，由于测试用例可能是由整数、浮点数甚至是字符串和数组组成，模型将其统一视为一定长度内的整数与浮点数的数组。

求解 ATCG-PC 问题存在三个难点，一是该问题是一个 NP-hard 的问题，问题的决策空间庞大，遍历空间中所有可行测试用例的开销远大于预设最大开销；二是作为问题输入的测试用例与作为问题输出的路径之间的编码关系不明确，且由于问题并不是连续可微的，因此，不能够使用 CPLEX 工具或其他凸优化算法进行求解；三是 ATCG-PC 问题根据被测试程序不同，需要覆盖不同的路径，其中存在一些路径较容易被覆盖或先被覆盖的情况，如何利用已被覆盖路径的信息指导算法的后续搜索、约减算法的重复计算是求解该问题的第三个难点。

2. 基于“测试用例–路径”关系矩阵的差分进化算法求解测试用例自动生成问题

下面将以差分进化算法（DE）在 ATCG 问题求解中的应用为例进行介绍。基于“测试用例–路径”关系矩阵的差分进化算法（RP-DE）的框架如下：RP-DE 将在执行步骤 1 一次后，重复步骤 2、3 直到满足终止条件 $c = 100\%$ 或 $T \geqslant \text{Max}$（符号见前面所描述的数学模型）。步骤 1：初始化种群、对种群进行评估，并记录路径覆盖情况。步骤 2：使用 DE 的交叉、变异和选择算子更新种群后，对种群进行评估，并记录路径覆盖情况。步骤 3：使用测试用例–路径关系矩阵信息指导测试用例覆盖剩余路径，同时更新关系矩阵。步骤 3 将使用“测试用例–路径”关系矩阵优化测试用例 x_{old} 覆盖目标路径 p_{target} 的操作，具体步骤包括：选择目标路径 p_{target}；基于关系矩阵 $\boldsymbol{R}$ 的信息，生成测试用例 x_{target} 来覆盖路径 p_{target}；更新关系矩阵 $\boldsymbol{R}$。

在第一步选择目标路径 p_{target} 时，首先将被优化测试用例 x_i 覆盖路径 p_{x_i} 的路径编码与其他剩余路径对比。每一条剩余路径都会根据 p_{x_i} 与其路径编码分配一个权重值，某剩余路径与 p_{x_i} 对比路径编码中相同节点越多，该路径的权重值也越大。根据每一条剩余路径的权重值，使用轮盘赌的方法选择一条剩余路径作为目标。在如图 3-6 所示的示例程序中，假设 $x_{\text{old}} = (1,10,100)$ 其对应的路径编码为 “No, No, No”，

其对应的目标路径 p_{target} 的编码为 "No, Yes, No"，通过对比两者路径编码，发现仅在第二个分支节点走向不同，关系矩阵第二列 (0,45,0) 被提取出来，由于关系矩阵显示仅第二个维度会影响该分支的走向，接下来将对 x_{old} 的第二个维度进行动态多点搜索。

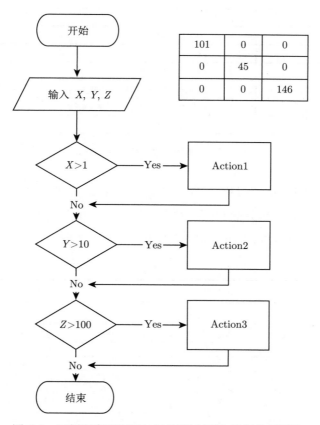

图 3-6 示例程序流程图与相关测试用例–路径关系矩阵

"测试用例–路径"关系矩阵通过收集测试用例变量与路径节点相关性，找出测试用例编码空间中与覆盖路径相关的同胚子空间（与目标路径相关的测试用例编码维度构成的搜索空间）。通过关系矩阵中的信息指导算法，分配更多的计算资源用于搜索该同胚子空间，从而减少算法的测试用例开销，提升 DE 算法搜索效率。

3. 实验结果与讨论

本节进行的实验是基于从 iFogSim 工具 [70] 中选出的基准测试函数（Benchmark Function）进行的，备选函数的参数如图 3-7 所示。一共进行了两组实验。

程序名	代码行数	输入维度	功能描述	路径数目
transmit	30	3	将数据传递至另一传感器	2
send	47	2	将打包信息从传感器或一个雾计算设备传递到另一个雾计算设备	9
processEvent	67	7	雾计算设备处理事件	9
executeTuple	41	7	使用元组处理逻辑更新设备功耗	5
checkCloudletCompletion	43	5	在信息元执行完成时在雾计算设备上调用	6
getResultantTuple	73	8	将处理的信息元返回设备	7

图 3-7　Benchmark 函数详细信息

实验一是针对 RP-DE 与 DE 在数学模型下的对比。实验结果显示关系矩阵能够将 DE 算法的计算资源更多地分配到低维欧氏空间（相关维度的搜索空间），从而提高了 DE 算法解决雾计算中 ATCG-PC 问题的能力，如图 3-8 所示。

Function	RP-DE		DE	
ID	ave.c	ave.T(std.T)	ave.c	ave.T(std.T)
1	100%	4.20E+03(1.32E+03)	100%	6.13E+03(1.16E+03)+
2	66.7%	3.00E+05(0)	57.6%	3.00E+05(0)=
3	100%	1.41E+04(6.25E+03)	79.9%	3.00E+05(0)+
4	100%	9.40E+04(4.79E+04)	80.7%	2.92E+05(1.55E+04)+
5	100%	9.81E+03(2.94E+03)	98.9%	4.26E+04(4.42E+04)+
6	97.5%	1.57E+05(6.75E+04)	35.6%	3.00E+05(0)+
+/=/-				5/1/0

图 3-8　实验一结果图表

实验二是 RP-DE 与 IGA、ABC、PSO 以及其他算法变体的对比，实验结果显示关系矩阵通过将算法的计算资源更多地分配到搜索低维欧氏空间（相关维度），提升了 IGA、ABC 和 PSO 算法在解决 iFogSim 工具中 ATCG-PC 问题的求解效率，如图 3-9 所示。

Function ID	RP-DE		IGA		ABC		PSO	
	ave.c	ave.T(std.T)	ave.c	ave.T(std.T)	ave.c	ave.T(std.T)	ave.c	ave.T(std.T)
1	100%	4.20E+03(1.32E+03)	100%	1.00E+04(3.99E+03)+	53.3%	2.96E+05(2.06E+04)+	50%	3.00E+05(0)+
2	66.7%	3.00E+05(0)	43.3%	3.00E+05(0)=	34.8%	3.00E+05(0)=	44%	3.00E+05(0)=
3	100%	1.41E+04(6.25E+03)	70.4%	3.00E+05(0)+	83.3%	2.95E+05(2.21E+05)+	79.2%	3.00E+05(0)+
4	100%	9.40E+04(4.79E+04)	86%	2.30E+05(1.02E+04)+	40.7%	3.00E+05(0)+	40.7%	3.00E+05(0)+
5	100%	9.81E+03(2.94E+03)	98.9%	5.57E+04(5.19E+04)+	67.1%	3.00E+05(0)+	68.3%	3.00E+05(0)+
6	97.5%	1.57E+05(6.75E+04)	14%	3.00E+05(0)+	14.9%	3.00E+05(0)+	14.5%	3.00E+05(0)+
+/=/−				5/1/0		5/1/0		5/1/0

(a)

Function ID	RP-IGA		RP-ABC		RP-PSO		Random	
	ave.c	ave.T(std.T)	ave.c	ave.T(std.T)	ave.c	ave.T(std.T)	ave.c	ave.T(std.T)
1	100%	3.97E+04(1.59E+04)+	56.7%	2.83E+05(3.04E+04)+	58.3%	2.75E+05(4.40E+04)+	51.7%	3.00E+05(0)+
2	66.7%	3.00E+05(0)=	66.7%	3.00E+05(0)=	66.7%	3.00E+05(0)=	35.6%	3.00E+05(0)+
3	100%	1.47E+04(1.43E+04)+	100%	2.44E+03(1.55E+03)−	100%	6.05E+03(5.46E+03)−	88.5%	3.00E+05(0)+
4	58.7%	2.64E+05(6.04E+04)+	44%	3.00E+05(0)+	42.7%	3.00E+05(0)+	40.7%	3.00E+05(0)+
5	96.7%	1.02E+05(7.45E+04)+	75.6%	2.91E+05(1.86E+04)+	76.2%	3.00E+05(0)+	67.1%	3.00E+05(0)+
6	43.9%	2.77E+05(3.84E+04)+	16.8%	3.00E+05(0)+	15.9%	3.00E+05(0)+	14.5%	3.00E+05(0)+
+/=/−		4/2/0		4/1/1		4/1/1		5/1/0

图 3-9　实验二结果图表

3.1.3　小结

本节针对 iFogSim 工具包中的测试用例自动生成问题，提出了测试用例–路径关系矩阵的方式，并与差分进化算法等进化算法相结合。该算法提出的测试用例–路径关系矩阵记录了测试用例维度与路径分支之间的相关性，算法在搜索过程中通过改变维度值覆盖新的路径时，对应维度的位置的矩阵值会更新，在之后的更新过程中差分进化算法能够利用关系矩阵找出相关维度信息，并找出目标相关的子空间、约减搜索空间的大小，从而加速算法收敛。参考文献 [71-72] 相关代码详见：http://www2.scut.edu.cn/huanghan/fblw/list.htm。

3.2　"随机启发式算法 + 动态多点搜索策略"小试锋芒——高效率的 NLP 程序测试

3.2.1　研究进展简述

目前，自然语言处理（NLP）作为一项理论驱动的计算智能技术，在自动网页推荐、社交情感分析和聊天机器人等科技领域有着重要的应用前景。如图 3-10 所示，NLP 程序广泛应用于社会各个领域，其主要以一种智能与高效的方式，实现对文本数据的系统化分析、理解与信息提取。然而，为了确保 NLP 程序的准确运行，以及避免其在测试时产生大量的时间开销和费用成本，有必要研制一款高效率的软件测试工具来保证 NLP 程序的可靠性。

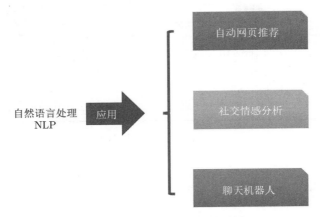

图 3-10　NLP 的应用场景示例

为了最小化算法的测试用例开销，这里将 NLP 程序单元测试路径覆盖测试用例生成 ATCG-PC 问题建模成单目标优化问题。在求解 ATCG-PC 问题时存在两个难点：第一，NLP 程序中存在大量字符串输入变量，而一些路径仅当输入特定值的字符串时才能被覆盖，导致传统的优化算法在求解路径测试用例时收效甚微；第二，在 ATCG-PC 问题中，可能存在大量测试用例覆盖到同一条路径的情况，从而导致优化算法处理时会产生大量冗余的开销。针对上述问题，华南理工大学软件学院智能算法实验室提出了一种基于随机启发式算法的动态多点搜索策略（SA-SS）[73]，该策略主要在结合如差分进化算法（DE）、粒子群算法（PSO）等随机启发式算法进行搜索后，使用动态多点搜索策略优化种群并重复进行迭代更新，从而求解 NLP 程序的路径覆盖测试用例生成问题。

3.2.2　科学原理

1. 问题描述

本节将介绍面向 NLP 程序的路径覆盖测试用例自动生成问题数学模型，该数学模型是针对一定的目标覆盖率下的最小化测试用例开销模型：其中 $X = \{x_1, x_2, \cdots, x_N\}$ 表示测试用例编码空间中的所有测试用例集合，$P = \{p_1, p_2, \cdots, p_L\}$ 表示测试函数可行路径集合。此时 ATCG-PC 问题可建模为：

$$\text{最小化} \quad m(\text{算法评估次数})$$

满足约束：

$$\theta_{ij} = \begin{cases} 1, & \text{测试用例} x_{n_i} \text{覆盖路径} p_j \\ 0, & \text{其他} \end{cases} \tag{3-7}$$

$$\sum_{j=1}^{L} \theta_{ij} = 1 \tag{3-8}$$

$$\sum_{j=1}^{L} \min\{1, \sum_{i=1}^{m} \theta_{ij}\} = L \tag{3-9}$$

$$m \leqslant M \tag{3-10}$$

$$x_{n_i} \in S_\theta; S_\theta \in X; i = 1, 2, \cdots, m; m = |S_\theta|;$$
$$j = 1, 2, \cdots, L; 1 \leqslant n_1 < n_2 < \cdots < n_m \leqslant N; \tag{3-11}$$

其中约束条件 (3-7) 与 (3-8) 定义了中间变量 θ_{ij} 仅在 $\text{fitness}_j(x_{n_i}) = 0$ 时值为 0，此时测试用例 x_{n_i} 覆盖了第 j 条路径 p_j，而一个测试用例覆盖有且仅有一条路径，约束条件 (3-9) 和 (3-10) 定义了所有路径均被覆盖，且算法的评估次数开销小于预设的最大值 M，约束条件 (3-11) 定义了算法搜索过程中生成的测试用例集合 S，S 是所有可行测试用例集合 X 的一个子集。

除了本节所介绍的 ATCG-PC 问题的难点之外，NLP 程序还存在两个算法设计的假设条件：一是 NLP 程序中存在大量字符串输入变量，而一些路径仅当输入字符串为特定值时才能被覆盖；二是通过动态多点搜索策略能够尽快找到符合输入字符串规则的测试用例。

如图 3-11所示，图中程序编码为"Yes，Yes"的路径仅当输入字符串 s 为"Anewstring"时才能被覆盖，假设所有字符取值范围为 [0,255]，那么随机生成一个字符串覆盖该路径的概率将小于 8.28×10^{-28}。

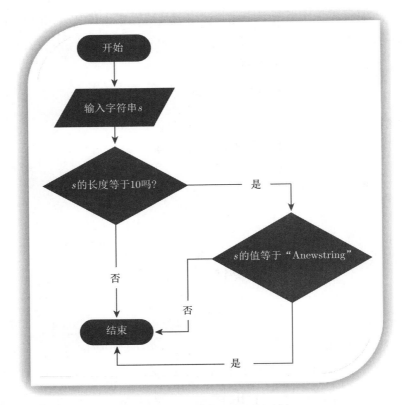

图 3-11   NLP 程序流程图示例

2. 基于动态多点搜索策略的随机启发式算法快速生成路径覆盖测试用例

基于动态多点搜索算法（Search based Algorithm with Scatter Search，SA-SS）的流程如图 3-12所示，该策略首先初始化种群，评估种群个体并更新路径覆盖情况，在此基础上，采用 DE、PSO 等算法的更新策略来更新种群，进一步评估种群个体并更新路径覆盖情况，通过动态多点搜索策略更新整个种群。其中，通过动态多点搜索策略来覆盖目标路径主要分为以下两步：第一步优化个体生成目标路径和初始化撒点的步长；第二步开始顺序搜索所有变量维度，每次撒点以原最优值为中心，搜索时留下最优个体并更新撒点步长，按照该步骤持续动态多点搜索，直至达到最小搜索的撒点步长并遍历完所有变量。图 3-13是一个基于 SA-SS 求解问题的用例示意图。

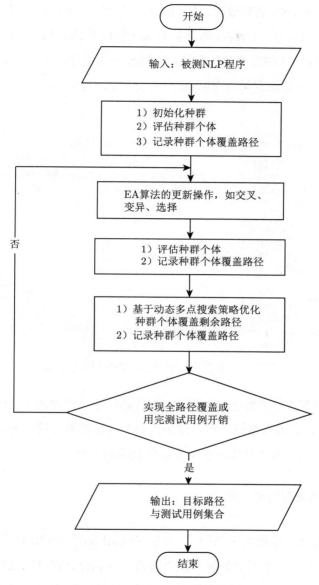

图 3-12 SA-SS 的流程示意图

考虑到随机启发式算法，如差分进化算法（DE）、改进遗传算法（IGA）、蜂群算法（ABC）、粒子群算法（PSO）、竞争优化算法（CSO）等，在求解 ATCG-PC 问题时效率难以满足要求，该研究工作将上述算法结合所提出的策略进行了四组仿真实验，从而验证该搜索策略 SA-SS 的有效性。这四组实验分别为：SA-SS 中参数 s 的对比实验、DE-SS 与 DE 的对比实验、DE-SS 与其他算法（包括 IGA、ABC、PSO、CSO 等）结合动态多点搜索策略 SS 的算法对比实验、DE-SS 与其他算法（包括 IGA、ABC、PSO、CSO 等）结合变量局部搜索策略 VNS 的新算法对比实验。

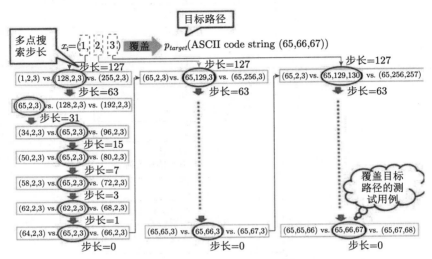

图 3-13   基于 SA-SS 求解问题的用例示意图

假设子空间由多点单维度子空间组成，算法通过在该预设的子空间上搜索能够快速找到 NLP 程序的路径覆盖测试用例，减少冗余的评估次数开销。而满足假设的解组成的子空间或者子集是由多点单维度子空间组合而成的集合。

3. 实验分析结果与讨论

实验的基准测试函数均采用 NLP 工具包 StandFord CoreNLP[74]，如图 3-14所示。Stanford CoreNLP 是一个用于处理自然语言的工具集合，它可以根据不同词语得到其基本的形式——词性，并依据短语和语法依赖来标记句子的结构，从而发现实体之间的关系、情感色彩以及人们所说的话等。不仅如此，Stanford CoreNLP 还提供了众多语法分析工具，支持大部分主要（人类）语言并适用于大多数主流编程语言的 API，广泛应用在各类自然语言的文本分析中，具有整体最高水平的文本分析效果。此外，CoreNLP针对自然语言分析，也为更高级别和特定领域的文本理解应用程序提供了基础构建模块，在涉及自然语言处理的研究和应用领域中具有极高的地位和重要的意义。

ID	函数名	行数	维度	描述	路径数目
1	initFactory	86	7	根据属性文件中的选项和类型返回正确的字节类型	48
2	cleanXmlAnnotator	21	6	新建 cleanXmlAnnotator 类成员	3
3	wordsToSentenceAnnotator	108	11	将自然语言文本转换为注释器类型	12
4	annotate	30	4	把注解变成句子	3
5	nerClassifierCombiner	30	11	新建 nerClassifierCombiner 类对象	4
6	setTrueCaseText	37	6	为 trueCaseText 类型对象赋值	10

图 3-14　基准测试函数

实验一主要对 SA-SS 中参数 s 的性能进行分析，算法以 DE 为例，实验对比结果如图 3-15所示。当参数 s 取 2 时，DE-SS 算法表现最优，而随着设定值的增大，算法性能呈现逐步下降的趋势。

Function ID	DE-SS-2		DE-SS-3	
	Ave.m(Std.m)	Rate	Ave.m(Std.m)	Rate
1	7.42E+03(1.32E+03)	100%	6.23E+04(6.21E+03)	100%
2	2.81E+02(2.59E+00)	100%	4.22E+02(1.03E+02)	100%
3	2.24E+03(4.42E+02)	100%	2.73E+03(6.39E+02)	100%
4	4.30E+02(1.42E+02)	100%	2.05E+04(7.01E+03)	100%
5	6.48E+02(1.92E+02)	100%	7.14E+02(2.39E+03)	100%
6	1.51E+03(2.35E+02)	100%	4.85E+03(4.23E+02)	100%
+/=/−			6/0/0	
Function ID	DE-SS-5		DE-SS-10	
	Ave.m(Std.m)	Rate	Ave.m(Std.m)	Rate
1	2.26E+05(8.73E+04)	46.7%	2.83E+05(3.62E+04)	20%
2	1.16E+04(7.83E+03)	100%	1.38E+04(9.59E+03)	100%
3	2.64E+04(1.98E+04)	100%	3.10E+04(1.44E+04)	100%
4	2.43E+04(5.78E+03)	100%	2.40E+04(6.69E+03)	100%
5	1.27E+05(8.19E+04)	93.3%	1.36E+05(7.39E+04)	90%
6	9.99E+04(4.68E+04)	100%	8.99E+04(2.80E+04)	100%
+/=/−	6/0/0		6/0/0	

图 3-15　以 DE 算法为例的 SA-SS 参数性能分析结果

实验二给出了 DE 与 DE-SS 的对比分析，实验结果如图 3-16所示。结果表明，该研究工作所提出的动态多点搜索策略 SA-SS，显著提升了 DE 算法求解 ATCG-PC 问题时的测试用例开销，并且在相同测试用例开销的情况下，DE-SS 相比 DE 能够更快地实现路径覆盖。

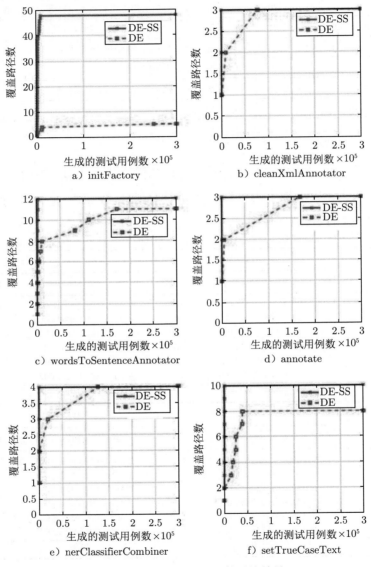

图 3-16　DE 与 DE-SS 的对比结果

实验三给出了 DE-SS 与其他相关算法（包括 IGA、ABC、PSO、CSO 等）的对比分析，实验结果如图 3-17所示。结果表明，该研究工作所提出的动态多点搜索策略 SS，能够显著提升 IGA、ABC、PSO、CSO 等算法自动生成 NLP 程序路径覆盖测试用例的效率，主要包括减少测试用例的数量以及实际运行时间的开销等方面。

实验四给出了 DE-SS 与 VNS 领域搜索策略的对比分析，实验结果如图 3-18 所示。结果表明，该研究工作所提出的动态多点搜索策略 SS 相对于 VNS 这类传统的邻域搜索策略，在求解 ATCG-PC 问题时拥有显著的优势。

Function ID	DE-SS			IGA			IGA-SS		
	Ave.m (Std.m)	Rate	Time	Ave.m (Std.m)	Rate	Time	Ave.m (Std.m)	Rate	Time
1	7.14E+03(9.75E+02)	100%	7.40E00	3.00E+05(0)	0	3.64E+02	7.80E+03(1.60E+03)	100%	8.63E00
2	2.79E+02(3.79E+00)	100%	7.33E-01	2.90E+05(1.91E+04)	3.3%	3.11E+02	2.04E+02(2.55E+00)	100%	7.67E-01
3	2.21E+03(5.20E+02)	100%	3.33E00	2.91E+05(1.78E+04)	3.3%	3.91E+02	1.94E+04(1.45E+04)	100%	1.51E+01
4	4.26E+02(1.70E+02)	100%	9.33E-01	3.00E+05(0)	0	2.13E+02	6.23E+02(5.67E+02)	100%	1.27E00
5	5.82E+02(1.66E+02)	100%	1.63E00	1.26E+05(7.34E+04)	86.7%	1.02E+02	2.24E+03(2.94E+03)	100%	2.33E00
6	1.40E+03(1.65E+02)	100%	2.07E00	3.00E+05(0)	0	3.42E+02	1.13E+04(4.57E+03)	100%	9.53E00
+/=/−				6/0/0			2/3/1		

Function ID	DE-SS			ABC			ABC-SS		
	Ave.m (Std.m)	Rate	Time	Ave.m (Std.m)	Rate	Time	Ave.m (Std.m)	Rate	Time
1	7.14E+03(9.75E+02)	100%	7.40E00	3.00E+05(0)	0	1.69E+02	7.78E+03(1.14E+03)	100%	6.13E00
2	2.79E+02(3.79E+00)	100%	7.33E-01	3.00E+05(0)	0	1.33E+02	2.88E+02(7.52E+00)	100%	1.2E00
3	2.21E+03(5.20E+02)	100%	3.33E00	3.00E+05(0)	0	1.21E+02	2.44E+04(6.03E+02)	100%	3.3E00
4	4.26E+02(1.70E+02)	100%	9.33E-01	3.00E+05(0)	0	9.14E+01	4.73E+02(3.01E+02)	100%	1.03E00
5	5.82E+02(1.66E+02)	100%	1.63E00	3.00E+05(0)	0	1.50E+02	8.86E+02(3.99E+02)	100%	1.3E00
6	1.40E+03(1.65E+02)	100%	2.07E00	3.00E+05(0)	0	1.36E+02	1.85E+03(4.57E+02)	100%	2.87E00
+/=/−				6/0/0			3/3/0		

Function ID	DE-SS			PSO			PSO-SS		
	Ave.m (Std.m)	Rate	Time	Ave.m (Std.m)	Rate	Time	Ave.m (Std.m)	Rate	Time
1	7.14E+03(9.75E+02)	100%	7.40E00	3.00E+05(0)	0	2.60E+02	8.54E+03(2.27E+03)	100%	6.27E00
2	2.79E+02(3.79E+00)	100%	7.33E-01	3.00E+05(0)	0	2.27E+02	2.30E+02(3.79E+00)	100%	1.07E00
3	2.21E+03(5.20E+02)	100%	3.33E00	3.00E+05(0)	0	1.48E+02	3.34E+03(1.30E+03)	100%	5.43E00
4	4.26E+02(1.70E+02)	100%	9.33E-01	3.00E+05(0)	0	1.48E+02	4.99E+02(2.56E+02)	100%	1.03E00
5	5.82E+02(1.66E+02)	100%	1.63E00	3.00E+05(0)	0	2.45E+02	7.67E+02(3.83E+02)	100%	1.43E00
6	1.40E+03(1.65E+02)	100%	2.07E00	3.00E+05(0)	0	2.14E+02	2.01E+03(5.31E+02)	100%	2.27E00
+/=/−				6/0/0			4/1/0		

Function ID	DE-SS			CSO			CSO-SS		
	Ave.m (Std.m)	Rate	Time	Ave.m (Std.m)	Rate	Time	Ave.m (Std.m)	Rate	Time
1	7.14E+03(9.75E+02)	100%	7.40E00	3.00E+05(0)	0	2.36E+02	7.97E+03(1.68E+03)	100%	8.33E00
2	2.79E+02(3.79E+00)	100%	7.33E-01	2.70E+05(5.56E+04)	10%	1.82E+02	2.05E+02(3.41E+00)	100%	1.17E00
3	2.21E+03(5.20E+02)	100%	3.33E00	3.00E+05(0)	0	3.28E+02	2.52E+03(7.27E+02)	100%	5.07E00
4	4.26E+02(1.70E+02)	100%	9.33E-01	3.00E+05(0)	0	1.51E+02	4.10E+02(2.12E+02)	100%	9.00E-01
5	5.83E+02(1.66E+02)	100%	1.63E00	3.00E+05(0)	0	2.56E+02	5.62E+02(2.13E+02)	100%	1.17E00
6	1.40E+03(1.65E+02)	100%	2.07E00	3.00E+05(0)	0	2.14E+02	1.50E+03(3.63E+02)	100%	2.23E00
+/=/−				6/0/0			1/4/1		

图 3-17　DE-SS 与其他相关算法对比实验结果图

在此项研究中，我们研究的是如何解决 NLP 程序路径覆盖测试用例的自动生成问题。针对一个复杂约束优化的 NP-hard 问题，使用随机启发式算法如差分进化算法（DE）、粒子群算法（PSO）等来求解是一种常见、可行的思路。NLP 程序的路径覆盖测试用例生成问题存在大量路径需要输入字符串为特定值才能被覆盖的难点，这使得传统的算法在求解该问题时效率难以满足要求。因此，此项研究针对一个应用广泛的 NLP 工具包 CoreNLP 进行单元测试，根据 NLP 单元程序中经常使用字符串作为输入变量的特点，设计了一种基于随机启发式算法的动态多点搜索策略 SA-SS，从而实现了 CoreNLP 程序的单元测试路径覆盖测试用例的自动生成。该工作为同类型 NLP 程序自动生成路径来覆盖测试用例的算法提供了设计思路，使研究人员能够在此基础上设计更加优秀和高效的算法来测试 NLP 程序。除此之外，在自动生成 NLP 程序（或其他需要特定输入值才能覆盖具体路径的程序）路径覆盖测试用例时，此项研究所提出的动态多点搜索策略，还可以显著减少算法的测试用例开销，并提升算法性能。该技术通过在跟目标路径等价的局部流形空间上搜索，使得算法搜索范围缩小且求解效果明显提高，这种将寻找目标等价于局部流形的思路有望为机器学习、数据挖掘等研究领域提供更多的应用实例与理论基础。

Function ID	DE-SS		DE-VNS		ABC-VNS	
	Ave.m(Std.m)	Rate	Ave.m(Std.m)	Rate	Ave.m(Std.m)	Rate
1	7.14E+03(9.75E+02)	100%	3.00E+05(0)	0	3.00E+05(0)	0
2	2.79E+02(3.79E+00)	100%	1.29E+03(0)	100%	1.34E+03(1.02E+02)	100%
3	2.21E+03(5.20E+02)	100%	3.00E+05(0)	0	3.00E+05(0)	0
4	4.26E+02(1.70E+02)	100%	8.82E+04(0)	100%	7.07E+04(2.89E+04)	100%
5	5.82E+02(1.66E+02)	100%	2.86E+03(1.24E+03)	100%	4.36E+04(2.18E+03)	100%
6	1.40E+03(1.65E+02)	100%	9.98E+03(2.80E+03)	100%	1.25E+04(5.79E+03)	100%
+/=/-			6/0/0		6/0/0	
Function ID	IGA-VNS		PSO-VNS		CSO-VNS	
	Ave.m(Std.m)	Rate	Ave.m(Std.m)	Rate	Ave.m(Std.m)	Rate
1	3.00E+05(0)	0	3.00E+05(0)	0	3.00E+05(0)	0
2	1.26E+03(1.01E+02)	100%	1.29E+03(1.02E+02)	100%	2.95E+05(9.13E+03)	16.7%
3	3.00E+05(0)	0	3.00E+05(0)	0	3.00E+05(0)	0
4	8.81E+04(4.14E-01)	100%	3.00E+05(0)	0	8.81E+04(8.24E00)	100%
5	9.66E+03(1.31E+04)	100%	4.64E+03(3.45E+03)	100%	3.95E+03(2.32E+03)	100%
6	6.62E+04(6.99E+04)	96.7%	1.34E+04(7.26E+03)	100%	8.90E+04(2.16E+03)	100%
+/=/-	6/0/0		6/0/0		6/0/0	

图 3-18　DE-SS 与 VNS 领域搜索策略对比实验结果图

3.2.3　小结

本节针对自然语言处理（NLP）程序路径分布的特点，提出了动态多点搜索策略与差分进化算法（DE）等基于搜索的算法相结合，高效求解 ATCG-PC 问题。NLP 程序存在许多路径需要输入的字符串为特定值时才能够覆盖，如果同时对多个字符串维度组成的决策空间搜索，计算量将难以承受。本节根据其子问题维度之间不会相互影响的特性，提出了动态多点搜索策略，该策略能够通过对字符串变量顺序动态搜索各个维度的最优解，实现快速生成 NLP 程序的路径覆盖测试用例。该技术作为 ATCG-PC 问题在前沿人工智能系统的应用中有很高价值。参考文献 [71-75] 相关代码详见：http://www2.scut.edu.cn/huanghan/fblw/list.htm。

第 4 章

多目标优化智能算法的应用

本章主要探讨智能算法在多目标优化领域的应用，主要包括运用智能算法求解高维多目标优化问题（4.1 节）以及软件产品配置问题（4.2 节）。

4.1　基于自适应参考点的高维多目标进化算法

4.1.1　研究进展简述

最优化问题普遍存在于现实生活中，例如，人们往往追求利润的最大化、投资风险的最小化等。随着科学技术的日益进步和生产生活实践的日益发展，人们面临的优化问题越来越复杂。其中，多目标优化问题是典型代表。顾名思义，在多目标优化问题中，人们需同时优化多个目标，但各目标之间往往存在冲突。例如，生产经营者往往希望用最小的代价获得最大的收益；人们购买汽车时，除了考虑价格之外，还会考虑汽车的性能、舒适度等。近年来，高维多目标优化问题（Many-objective Optimization Problem，MaOP）逐步成为进化计算研究领域的热点和难点问题之一。所谓高维多目标优化问题，特指优化目标个数至少为 4 的问题。一般而言，随着目标个数的增加，多目标优化问题的求解难度会逐步加大。当前阶段，学者们已提出了众多高维多目标优化算法，绝大多数的既往工作主要采用理想点（Ideal Point）计算衡量个体收敛性和多样性指标。实践表明，针对不同形状的 Pareto 前沿（PF），选择合适的参考点，比如理想点或天底点（Nadir Point），对提高算法性能具有重要意义。此外，在基于 Pareto 支配关系的算法中，支配抵抗解（Dominance Resistant Solution，DRS）易于出现，但难以被及时发现并剔除，进而降低了算法的收敛速度。

针对以上问题，本节介绍了一种基于自适应参考点策略的高维多目标进化算法（PaRP/EA）[76]，该算法运用一个欧氏距离比估计 PF 的大致形状，进而自适应地选择参考点。此外，还设计了一种检测和删除支配抵抗解的有效方法。

4.1.2　科学原理

1. 算法框架

PaRP/EA 算法框架如算法 4-1所示。首先，在决策空间 Ω 中随机产生 N 个解，构造初始种群 P。与 NSGA-Ⅲ [77] 和 VaEA [78] 等算法类似，从 P 中随机挑选两个父代个体进行交叉、变异等操作，产生两个子代个体。重复上述选择和交叉、变异操作 $N/2$ 次，可产生 N 个子代个体，组成子代种群 P'。最后，从 P 和 P' 的并集（即 Q）中挑选出 N 个优秀个体，形成下一代种群。重复以上操作直到终止条件得以满足。

算法 4-1　PaRP/EA 算法框架

输入： N (种群规模)

输出： 最终种群 P

1: $P \leftarrow initialization(N)$

2: **while** 终止条件未满足 **do**

3:　$P' \leftarrow variation(P)$

4:　$Q \leftarrow P \cup P'$

5:　$P \leftarrow environmentalSelection(Q)$//环境选择

6: **end while**

7: **return** P

---

2. 环境选择

环境选择的伪代码如算法 4-2所示。为处理各个目标函数尺度不一的问题，种群 Q 中的个体一般需进行归一化。此处我们采用 NSGA-III [77] 方法归一化个体的目标向量（见算法 4-2的第 2 行）。下面详细介绍归一化方法。

算法 4-2 $P \leftarrow environmentalSelection(Q)$

输入: Q (混合种群)

输出: 新种群 P

1: $P \leftarrow \emptyset$

2: $Q \leftarrow normalization(Q)$

3: $\{S_{nd}, S_d\} \leftarrow classificationByDominance(Q)$ // S_{nd} 和 S_d 分别是非支配解集和被支配解集

4: $q \leftarrow estimateShapes(S_{nd})$ // 估计前沿 PF 的形状，如线性、凸状和凹状

5: 若 $q < 0.9$，则将参考点 $\mathbf{r}$ 设置为 $\mathbf{z}^{nad}$。否则，设置为 $\mathbf{z}^*$

6: **if** $|S_{nd}| > N$ **then**

7:    $\{S_+, S_-\} \leftarrow classificationByHypercube(S_{nd})$ // S_+ 和 S_- 分别是位于超立方体内和超立方体外的解构成的集合，其中超立方体的两个顶点为 $\mathbf{z}^*$ 和 $\mathbf{z}^{nad}$

8:    **if** $|S_+| > N$ **then**

9:      $P \leftarrow selection(S_+, S_-)$ // 从集合 S_+ 中逐一选择 N 个解

10:    **else**

11:      将 S_+ 的所有成员加入 P，然后用 S_- 的前 $N - |P|$ 个适应值最佳的个体填满种群 P

12:    **end if**

13: **else**

14:    将 S_{nd} 的所有成员加入 P，然后用 S_d 的前 $N - |P|$ 个适应值最佳的个体填满种群 P

15: **end if**

16: **return** P

自适应归一化

找出种群中每个目标 $i = 1, 2, \cdots, m$ 的最小函数值 $z_i^{\min}$，进而构造种群 Q 的最小点 $\mathbf{z}^{\min} = (z_1^{\min}, z_2^{\min}, \cdots, z_m^{\min})$。然后，运用公式 $f_i'(x) = f_i(x) - z_i^{\min}$ 转换个体的目标函数值。转换后种群最小点变为原点。接着，坐标轴 f_i 的极端点 $\mathbf{e}_i \in \mathbb{R}^m$ 可通过最小化以下 Achievement Scalarizing Function (ASF) 得到。

$$\mathrm{ASF}(x, \boldsymbol{w}_i) = \max_{j=1}^{m} \frac{f_j(x) - z_j^{\min}}{w_{i,j}} = \max_{j=1}^{m} \frac{f_j'(x)}{w_{i,j}} \tag{4-1}$$

其中，$\boldsymbol{w}_i = (w_{i,1}, w_{i,2}, \cdots, w_{i,m})$ 是坐标轴 f_i 的方向向量，即第 i 个分量为 1，其他分量全为 0。若 $w_{i,j} = 0$，则可用一个足够小的正数代替，如 10^{-6} [79]。得到的 m 个极端解可构造一个 m 维的超平面。第 i 个坐标轴的截距被用于进一步归一化目标值。

$$f_i''(x) = \frac{f_i'(x)}{a_i}, \ i = 1, 2, \cdots, m \tag{4-2}$$

值得注意的是，归一化后坐标轴的截距变为 $f_i'' = 1$ [77]，由这些截距构造的超平面满足 $\sum\limits_{i=1}^{m} f_i'' = 1$。为简单起见，归一化后的目标值 $f_i''(x)$ 仍表示为 $f_i(x)$。

图 4-1 给出了一个二维目标空间自适应归一化操作的示意图。在图 4-1a 中，首先计算出种群 Q 的最小点 $\boldsymbol{z}^{\min}$，然后将该点转移到原点（见图 4-1b）。随后，通过计算和比较 ASF 值可确定每个坐标轴的极端解。假设在图 4-1b 中，$A = (10^{-6}, 30)$，$B = (0.01, 3)$，则 $\mathrm{ASF}(A, \boldsymbol{w}_2) = \max\left\{\dfrac{10^{-6}}{10^{-6}}, \dfrac{30}{1}\right\} = 30$ 且 $\mathrm{ASF}(B, \boldsymbol{w}_2) = \max\left\{\dfrac{0.01}{10^{-6}}, \dfrac{3}{1}\right\} = 10^4$，其中 $\boldsymbol{w}_2 = (10^{-6}, 1)$。由于 $\mathrm{ASF}(A, \boldsymbol{w}_2) < \mathrm{ASF}(B, \boldsymbol{w}_2)$，$A$ 是 f_2 坐标轴方向的极端解。在这种情况下，A 可能不是 DRS。根据文献 [80]，"DRS 至少在一个目标上比其他解差很多，但是能支配 DRS 的解又几乎没有"。上述定义可改述为"在至少一个目标上取极差值而在其他目标上取（近似）最优值" [81-82]，尽管从数学上讲，上述定义均不足够清晰，但是我们可以发现 DRS 的一个共性，即至少存在一个极差目标值和一个极好目标值。

就 $A = (10^{-6}, 30)$ 的第二个目标值而言，30 可能不是极差的。从这个角度来说，A 可能不是 DRS。但是，若 $A = (10^{-6}, 10^5)$，则 $\mathrm{ASF}(A, \boldsymbol{w}_2) = \max\left\{\dfrac{10^{-6}}{10^{-6}}, \dfrac{10^5}{1}\right\} = 10^5$，大于 $\mathrm{ASF}(B, \boldsymbol{w}_2) = 10^4$。此时，$B$ 成为极端解，且 A 可认为是一个 DRS。类似地，若 $C = (3, 0.01)$ 且 $D = (10^5, 10^{-6})$，则 C 是极端解，D 是沿着 f_1 坐标轴的一个 DRS。如图 4-1c 所示，假设 B 和 C 均为极端解，则可得到由这些极端解确定的一条直线或一个（超）平面（$m > 2$）。图 4-1c 中的直线可表示为 $\dfrac{f_1}{3.01} + \dfrac{f_2}{3.01} = 1$，即截距 a_1 和 a_2 均为 3.01。最后，运用这些截距及式 (4-2) 归一化种群的所有个体。如图 4-1d 所示，归一

化后，各坐标轴的截距均为 1。由于 DRS 的出现，归一化后的目标值未必均落在区间 $[0,1]$，例如，A 和 D 分别被归一化为 $(3.3 \times 10^{-7}, 3.3 \times 10^4)$ 和 $(3.3 \times 10^4, 3.3 \times 10^{-7})$。这些解将从种群中移除，有关详细讨论将在 4.1.2 节给出。注意在图 4-1c 中，若 A 和 D 是极端解，则所有归一化后的目标值均在 0 和 1 之间。

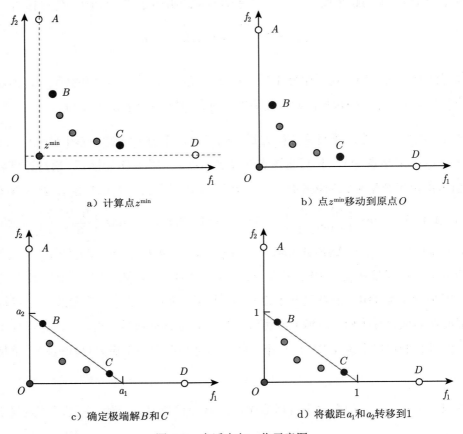

图 4-1 自适应归一化示意图

PF 的形状信息有利于指导搜索进程。首先，采用 Pareto 支配关系对混合种群 Q 进行分类（算法 4-2的第 3 行），即 $Q = S_{nd} \cup S_d$，其中 S_{nd} 和 S_d 分别表示非支配解集和被支配解集。我们采用 S_{nd} 估计 PF 的形状（算法 4-2的第 4 行）。具体而言，运用夹角信息确定集合 S_{nd} 中与 m 维向量 $\boldsymbol{v} = (1, 1, \cdots, 1)$ 夹角最近的 m 个解，则比率：

$$q = \frac{\overline{d}}{d^\perp} \tag{4-3}$$

可用于估计 PF 的大致形状，其中 $\bar{d}$ 表示这 m 个最近解到原点 O 距离的平均值，$d^{\perp}$ 表示 O 到超平面 $\sum\limits_{i=1}^{m} f_i = 1$ 的垂直距离。由于 $d^{\perp}$ 可由公式：

$$d^{\perp} = \frac{|-1|}{\sqrt{m}} = \frac{1}{\sqrt{m}}$$

计算，则式 (4-3) 可改写为

$$q = \bar{d} \cdot \sqrt{m} \tag{4-4}$$

估计形状及更新参考点

图 4-2a 给出了一个二维目标空间估计 PF 形状的示意图。由于 $\langle \overrightarrow{OC}, \boldsymbol{v} \rangle$ 和 $\langle \overrightarrow{OD}, \boldsymbol{v} \rangle$ 是最小的两个夹角，与向量 $\boldsymbol{v} = (1,1)$ 最近的两个解为 C 和 D。这里 $\langle \cdot, \cdot \rangle$ 表示两个向量间的夹角。因此，由式 (4-4) 可得 $q = \dfrac{\|\overrightarrow{OC}\| + \|\overrightarrow{OD}\|}{2} \cdot \sqrt{2}$，其中 $\|\cdot\|$ 表示向量的 L_2-范数。

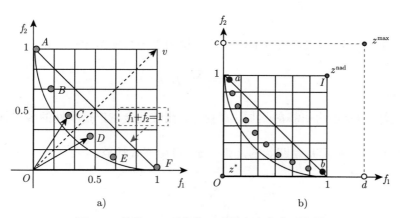

图 4-2　估计 PF 形状的示意图和参考点示意图

事实上，图 4-2a 展示的是一个凸状 PF。此时，$\bar{d}$ 明显比 $d^{\perp}$ 大。由于 q 表示 $\bar{d}$ 与 $d^{\perp}$ 的比率（见式 (4-3)），因此 q 明显大于 1，从而，小于 1 的 q 可能预示着 PF 是凸状的。类似地，若 q 明显大于 1，则可认为 PF 是凹状的。如果 q 与 1 很接近，则 PF 极有可能是线性的。鉴于我们是大致估计 PF 的形状，可采用一个区间（如 $q \in [0.9, 1.1]$）近似判断 PF 是否是线性的。综上所述，PF 的形状可估计为：

- 凸状，若 $q < 0.9$；
- 线性，若 $q \in [0.9, 1.1]$；
- 凹状，若 $q > 1.1$。

根据估计的 PF 形状，参考点 $r = (r_1, r_2, \cdots, r_m)$ 在每一代运行时可动态调整（算法 4-2 的第 5 行）。参考点主要用于计算解的适应值以及解之间的夹角，会显著地影响算法性能。若 PF 是凸状的，参考点 r 一般设置为天底点 $z^{\mathrm{nad}} = (z_1^{\mathrm{nad}}, z_2^{\mathrm{nad}}, \cdots, z_m^{\mathrm{nad}})$；否则，参考点可设置为理想点 $z^* = (z_1^*, z_2^*, \cdots, z_m^*)$，如图 4-2b 所示，$z^{\mathrm{nad}}$ 和 z^* 分别定义为点 $I = (1, 1, \cdots, 1)$ 和点 $O = (0, 0, \cdots, 0)$。值得说明的是，天底点并非估计为最大点 $z^{\mathrm{max}} = (z_1^{\mathrm{max}}, z_2^{\mathrm{max}}, \cdots, z_m^{\mathrm{max}})$ 见图 4-2b，其中 z_i^{max} 是当前种群中第 i（$i = 1, 2, \cdots, m$）个目标的最大值。上述设计的原因将在 4.1.2 节给出。

计算适应值

适应值主要用于度量个体的收敛性。根据文献 [83]，个体适应值的评估应该考虑 PF 的形状。

1）若估计的 PF 形状是线性的，则适应值由以下公式给出：

$$c(\boldsymbol{x}) = \sum_{i=1}^{m} f_i(\boldsymbol{x}) \tag{4-5}$$

事实上，该适应值是所有目标的累加，直观上，比较适合 PF 是线性的多目标优化问题。

2）若估计的 PF 形状是凹状的，则 $c(\boldsymbol{x})$ 可由下式计算：

$$c(\boldsymbol{x}) = \sqrt{\sum_{i=1}^{m} (f_i(\boldsymbol{x}) - r_i)^2} \tag{4-6}$$

其中，$r_i = z_i^*$。该适应值计算当前解到参考点（即 z^*）的欧氏距离，广泛应用于算法设计 [78,83-84]。

3）若估计的 PF 是凸状的，则 $c(\boldsymbol{x})$ 的计算公式为：

$$c(\boldsymbol{x}) = \frac{1}{\sqrt{\sum_{i=1}^{m} (f_i(\boldsymbol{x}) - r_i)^2}} \tag{4-7}$$

其中，$r_i = z_i^{\text{nad}}$。在这种情形下，应该最大化当前解到参考点 z^{nad} 的欧氏距离，从而尽可能让个体远离天底点。为了与前两种情形最小化适应值相统一，我们计算个体到天底点距离的倒数。

所有以上适应值均是容易计算的。此外，若这些适应值的等高线和问题的 PF 形状一致，则能够更好地求解相应问题，更详细的讨论参见文献 [83]。

基于超立方体的分类策略

如算法 4-2 的第 6 行所示，程序检查 S_{nd} 的规模是否大于 N，若 $|S_{nd}| \leqslant N$，我们将 S_{nd} 的所有个体以及 S_d 中适应值最优的前 $N - |P|$ 个体加入种群 P（算法 4-2 的第 13~15 行）。若 $|S_{nd}| > N$（高维多目标优化的常见情形），根据超立方体（两个顶点为 z^* 和 z^{nad}）进一步将 S_{nd} 中的解分成两个独立的集合（算法 4-2 的第 7 行），记为 S_+ 和 S_-，分别存储位于超立方体内和超立方体外的个体。例如，在图 4-2b 中，S_- 包含两个解，即 c 和 d，而 S_+ 则包含剩下的所有 10 个解。

事实上，基于超立方体的分类策略提供了一种处理 DRS[80] 的可行方案。假设在图 4-2b 中，$a = (0.01, 0.90)$，$b = (0.90, 0.01)$，$c = (0.0, 10^7)$，$d = (10^7, 0.0)$。由于 c 和 d 之间是非支配的，采用基于 Pareto 支配的分类策略无法剔除它们，但是基于超立方体的分类策略却能剔除这两个解。根据式 (4-1)，$\text{ASF}(b, \boldsymbol{w}_1) = \max\left\{\dfrac{0.90}{1}, \dfrac{0.01}{10^{-6}}\right\} = 10^4$ 且 $\text{ASF}(d, \boldsymbol{w}_1) = \max\left\{\dfrac{10^7}{1}, \dfrac{0.0}{10^{-6}}\right\} = 10^7$，其中 $\boldsymbol{w}_1 = (1, 0)$。因为 $\text{ASF}(b, \boldsymbol{w}_1) < \text{ASF}(d, \boldsymbol{w}_1)$，根据 4.1.2 节可知，$f_1$ 坐标轴的极端解是 b 而非 d。类似地，a 而非 c 是 f_2 坐标轴方向的极端解。因此，根据点 a 和 b 构造超平面（即图 4-2b 中的直线段）。由于基于超平面的分类策略仅保留位于空间 $[0,1] \times [0,1]$ 内的解，解 c 和 d 将被舍弃。鉴于 DRS 通常远离真实 PF，移除它们有利于提升收敛性。上述机制确实有利于移除 DRS，尤其是针对具有大量局部最优 PF 的问题。

逐个选择操作

经分类后，若 S_+ 的规模还是大于 N，则执行选择程序从集合 S_+ 逐个挑选个体进入下一代；否则，将 S_+ 的所有元素加入种群 P，剩余个体则根据适应值从 S_- 挑

选（算法 4-2 第 11 行）。选择程序的细节见算法 4-3。首先，将 m 个极端解加入 P 并将其从 S_+ 删除。此处极端解的定义与自适应归一化阶段极端解的定义相同（参见 4.1.2 节），在归一化阶段极端解已被识别出。然后，执行 remove_one_by_one 程序或 add_one_by_one 程序逐一选择剩余个体。若 $|S_-| > 0$，说明存在收敛性极差的解，则执行 remove_one_by_one 程序的同时强化收敛性和多样性；否则，执行 add_one_by_one 程序更多地强调解的多样性。

算法 4-3　$P \leftarrow selection\ (S_+, S_-)$

输入：S_+ 和 S_-

输出：新种群 P

1: 将 m 个极端解加入 P，并将它们从 S_+ 移除

2: **if** $|S_-| > 0$ **then**

3:　　/*—— *remove_one_by_one* procedure ——*/

4:　　**repeat**

5:　　　从 S_+ 选择一对夹角最小的个体，并将其中适应值较小者从集合 S_+ 中删除

6:　　**until** $|P| + |S_+| = N$

7:　　将 S_+ 的剩余个体加入 P

8: **else**

9:　　/*—— *add_one_by_one* 程序 ——*/

10:　　**repeat**

11:　　　将 S_+ 中与 P 夹角最大的个体加入种群 P

12:　　**until** $|P| = N$

13: **end if**

14: **return** P

---

remove_one_by_one 程序事实上就是文献 [85] 中采用的删除程序（算法 4-3 的第 4～7 行）。每次选择一对夹角最小的个体，删除其中适应值差的个体。重复上述操作直到 P 和 S_+ 种群规模之和为 N，将 S_+ 中的所有剩余个体加入种群 P。另外，add_one_by_one 程序即文献 [78] 中的 maximum-angle-first 准则，即每次加入与当前种群 P 夹角最大的个体。需要说明的是，度量个体之间距离的是夹角而非欧氏距离。有关 add_one_by_one 的详情，请读者参考文献 [78]。

remove_one_by_one 和 add_one_by_one 均采用夹角评估个体的密度。事实上，现有不少资料[78,83,85-89]已表明，采用夹角度量个体之间的距离是有效的，尤其适合高维多目标优化情形，因此，PaRP/EA 的选择操作也采用了夹角，由 remove_one_by_one 和 add_one_by_one 实现。这两个策略并非笔者原创，而是改编自文献 [85] 和 [78]。然而，原始文献计算夹角时将参考点固定为理想点。与此不同，这里计算夹角的参考点是根据 PF 的形状自适应选择的。此外，原始文献仅采用一种选择程序，即要么采用 remove_one_by_one，要么采用 add_one_by_one。PaRP/EA 则同时运用两种选择策略，这有利于充分利用两者的优势。

3. 实验分析

本节主要通过仿真实验说明 PaRP/EA 算法的有效性。选择的对比算法有 NSGA-Ⅲ[⊖][77]、VaEA[⊖][78]、MOEA/D[⊜][91]、θ-DEA[⊛][79]、1by1EA[⊕][83]、GWASF-GA[⊗][92]、和 MOEA/D-IPBI[⊕][93]，所选的对比算法已被证实能较为有效地处理 MaOP，可大致将其分为两类：基于 Pareto 支配的算法（VaEA 和 1by1EA）以及基于参考点 / 权向量的算法（NSGA-Ⅲ、MOEA/D、θ-DEA、GWASF-GA 和 MOEA/D-IPBI）。

实验时选择 29 个测试问题，包括 DTLZ1～DTLZ7[94]、ConvexDTLZ2 和 ConvexDTLZ4[77]、DTLZ1^{-1} 和 DTLZ3^{-1}[93]、WFG1～WFG9[96] 以及 WFG1^{-1} ～ WFG9^{-1}[95]。所选测试问题 PF 的形状各异，例如，DTLZ2～DTLZ4 和 WFG4～WFG9 的 PF 是凹状的，而 DTLZ3^{-1}、ConvexDTLZ2、ConvexDTLZ4 和 WFG4^{-1}～WFG9^{-1} 的 PF 则是凸状的。DTLZ5～DTLZ7、WFG1～WFG3 以及 WFG1^{-1}、WFG2^{-1} 的 PF 较为复杂，或是混合的，或是不连续的，或是退化的。需要说明的是，我们根据原始文献 [77, 94-96] 设置这些测试问题中的控制参数。

㊀　NSGA-Ⅲ 的源程序见 http://www.cs.bham.ac.uk/~xin/papers/TEVC2016FebManyEAs.zip。
㊁　VaEA 的源程序见 https://www.researchgate.net/profile/Xiang_Yi9/publications。
㊂　MOEA/D 已由 jMetal 实现，见 http://jmetal.github.io/jMetal/。
㊃　θ-DEA 的源程序见 http://www.cs.bham.ac.uk/~xin/papers/TEVC2016FebManyEAs.zip。
㊄　1by1EA 的源程序见 https://github.com/yiping0liu/1by1EA。
㊅　GWASF-GA 由 jMetal 实现，见 http://jmetal.github.io/jMetal/。
㊆　MOEA/D-IPBI 由作者在 jMetal 框架内编程实现。

选择著名的 Inverted Generational Distance (IGD) [91,97] 和 HV [98] 作为性能指标，评估各算法的性能表现。IGD 和 HV 均能同时评估解集的收敛性和多样性。计算 IGD 指标时，需要在真实 PF 前沿取样，构造参考集。对 DTLZ1~DTLZ4、ConvexDTLZ2, ConvexDTLZ4 和 WFG4~WFG9 而言，采用与文献 [78] 相同的方法构造参考集。对 WFG3^{-1}~WFG9^{-1}、DTLZ1^{-1} 和 DTLZ3^{-1}，根据文献 [95] 的建议运用均匀分布在真实 PF 上随机产生 100 000 个参考点。在 WFG1~WFG3, DTLZ5~DTLZ7 和 WFG1^{-1}、WFG2^{-1} 测试问题的 PF 上实现均匀采样是极为困难的，所以，这些问题的参考集由所有算法找到的所有非支配解构成 [95]。根据文献 [79, 95]，计算 HV 时，首先根据 PF 的最大值点和最小值点将各目标向量归一化到区间 $[0,1]$，然后将参考点设计为 $(1.1, 1.1, \cdots, 1.1)$，该设置与文献 [95] 和 [79] 保持一致。此外，当 $m \leqslant 10$ 时，采用最近提出的 WFG 算法 [99] 计算精确 HV 值。当 $m = 15$ 时，采用 Monte Carlo 仿真方法 [100] 计算 HV 的近似值，其中采用个数取为 10 000 000 以提高计算精度。

4. 实验设置

每个测试问题均考虑 3、5、8、10 和 15 个优化目标，所有算法在每个测试问题上均独立运行 30 次。通用实验设置列举如下。

种群规模和终止条件

MOEA/D 和 MOEA/D-IPBI 的种群规模 N 设置为权向量的个数。对 $m = 3$、5、8、10 和 15，N 分别为 91、210、156、275 和 135。算法 PaRP/EA、NSGA-III、VaEA、θ-DEA 和 1by1EA 中，种群规模 N 设置为大于权向量个数的最小的四的倍数，即对 $m = 3$、5、8、10 和 15，N 分别取值为 92、212、156、276 和 136。GWASF-GA 算法采用了二元锦标赛选择策略，故种群规模需为偶数。根据其开发者的建议 [92]，若权向量的个数为奇数，则随机删除一个权向量，从而确保种群规模为偶数。因此，GWASF-GA 的 N 为 90、210、156、274 和 134。当 $m \leqslant 5$ 时，采用 Das 和 Dennis 的系统化方法 [101] 产生权向量。当 $m > 5$ 时，则采用双层权向量产生方法 [77,102]。为公平起见，所有基于分解的算法（即 NSGA-III、MOEA/D、θ-DEA、GWASF-GA 和 MOEA/D-IPBI）均采用同一组权向量。

当函数评估次数（Function Evaluation, FE）达到预设值时，算法终止运行。对 3-、5-、8-、10- 和 15-目标的测试问题，FE 分别为 92 000（即 92 × 1 000）、265 000（即 212 × 1 250）、234 000（即 156 × 1 500）、552 000（即 276 × 2 000）和 408 000（即 136 × 3 000）。注意括号中的第一个因子表示 PaRP/EA、NSGA-Ⅲ 等算法的种群规模，第二个因子实际上就是最大进化代数。由于算法的种群规模稍有不同，若采用进化代数作为终止条件，会导致不公平比较。因此，本节采用最大函数评估次数（max_FE）作为终止条件。

参数设置

所有算法均采用模拟二进制（SBX）交叉算子和多项式变异（PM）算子产生子代个体。其中交叉概率 p_c、变异概率 p_m、交叉指数 η_c 和变异指数 η_m 分别为 1.0、$1/n$、30 和 20 [77,102]。我们采用标准工具箱实现对比算法，并且根据原始文献的建议设置这些算法的控制参数。具体地，MOEA/D 采用 PBI 分解策略，其惩罚参数 θ 设置为 5 [91]。在该算法中，邻域规模 T 设置为 20。类似地，θ-DEA 也采用 PBI 且参数 θ 也设置为 5 [79]。根据文献 [83]，1by1EA 中的参数 k 设置为 0.1N，R 设置为 1。根据 GWASF-GA 设计者的建议 [92]，参数 ϵ_i $(i = 1, 2, \cdots, m)$ 设置为天底点和理想点差值的 1%。在 MOEA/D-IPBI [93] 算法中，θ 取值 0.1。文献 [95] 的实验结果表明，IPBI（$\theta = 0.1$）可在多数测试问题上取得较好的实验效果。最后，与 NSGA-Ⅲ [77] 和 VaEA [78] 类似，PaRP/EA 未引入控制参数。

5. DTLZ 测试问题的实验结果

本节的 DTLZ 测试问题不仅包括原始的 DTLZ1～DTLZ7，也包括这些问题的改编版本，即 ConvexDTLZ2、ConvexDTLZ4、DTLZ1^{-1} 和 DTLZ3^{-1}。因此，共有 11 个 DTLZ 测试问题。DTLZ 测试问题的 Wilcoxon 秩和检验 [103-104] 结果见表 4-1。如表 4-1 所示，与 NSGA-Ⅲ、VaEA、MOEA/D、θ-DEA、1by1EA、GWASF-GA 和 MOEA/D-IPBI 相比，PaRP/EA 表现更优的 DTLZ 测试实例比例分别为 $43/55 \approx 78\%$、$38/55 \approx 69\%$、$51/55 \approx 93\%$、$44/55 = 80\%$、$36/55 \approx 65\%$、$52/55 \approx 95\%$ 和 $53/55 \approx 96\%$。可以发现，最小和最大百分比分别为 65% 和 96%。此外，PaRP/EA 表现更差的最大百分比

仅为 $13/55 \approx 24\%$ （见 PaRP/EA 与 1by1EA 的成对比较）。以上讨论说明，就 IGD 而言，PaRP/EA 可能是处理 DTLZ 测试问题的最有效算法。表 4-1 同样给出了 HV 指标的假设检验结果。由此可见，PaRP/EA 与 NSGA-Ⅲ 和 θ-DEA 表现相当，显著地优于其他算法。PaRP/EA 表现更优的测试实例的比例，其最大值为 $50/55 \approx 91\%$ （见 PaRP/EA 与 MOEA/D-IPBI 的比较）。

表 4-1　DTLZ 测试问题上的实验结果（比率）

PaRP/EA 与		NSGA-Ⅲ	VaEA	MOEA/D	θ-DEA	1by1EA	GWASF-GA	MOEA/D-IPBI
IGD	●	43/55	38/55	51/55	44/55	36/55	52/55	53/55
	○	10/55	11/55	3/55	10/55	13/55	2/55	2/55
	‡	2/55	6/55	1/55	1/55	6/55	1/55	0/55
HV	●	23/55	39/55	47/55	26/55	48/55	47/55	50/55
	○	23/55	4/55	4/55	21/55	3/55	1/55	0/55
	‡	9/55	12/55	4/55	8/55	4/55	7/55	5/55

注：● 表示 PaRP/EA 比相应的对比算法更优，○ 表示 PaRP/EA 更差，而 ‡ 则表示 PaRP/EA 与对比算法无显著差异。

　　由于 Pareto 自适应参考点主要用于匹配 PF 的形状，我们重点关注算法处理凸状 PF 时的性能。图 4-3 给出了所有算法求解 3-目标 ConvexDTLZ2 的最终结果。如图 4-3所示，与其他算法相比，PaRP/EA 的解覆盖真实 PF 的范围更广。VaEA、MOEA/D、θ-DEA 和 GWASF-GA 的最终解集主要分布在 PF 的中间部分。因为 MOEA/D 和 θ-DEA 采用的是系统化方法生成的权向量，故它们解的分布比 VaEA 的解的分布更加有规律。虽然 GWASF-GA 也采用了同一组权向量，该算法中的排序策略更加强调收敛性。因此，GWASF-GA 解的多样性比 MOEA/D 差。文献 [92] 也报道了上述现象。此外，以上四个算法均未能很好地覆盖 PF 的边界。由图 4-3f、h 可知，1by1EA 和 MOEA/D-IPBI 的解收敛性较差，存在一些目标值较大的解。由图 4-3b 知，即使 NSGA-Ⅲ 的解分布较为规律而且能覆盖边界和中部区域，也并没有 PaRP/EA 的解分布得那么广泛。

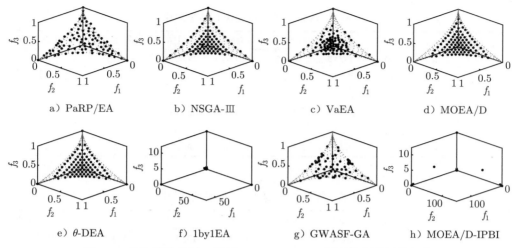

图 4-3　各个算法求解 3-目标 ConvexDTLZ2 测试问题的最终解集

6. WFG 和 WFG^{-1} 测试问题的实验结果

有关 WFG1~WFG9 测试问题的 Wilcoxon 秩和检验结果见表 4-2。根据 IGD 结果可知，PaRP/EA 的性能优于 NSGA-Ⅲ、VaEA、MOEA/D、θ-DEA、1by1EA、GWASF-GA 和 MOEA/D-IPBI 的测试实例比例分别为 28/45（62%）、29/45（64%）、36/45（80%）、32/45（71%）、38/45（84%）、42/45（93%）和 38/45 (84%)。就 HV 指标而言，PaRP/EA 与 NSGA-Ⅲ 和 θ-DEA 的性能相当，但是明显优于其他算法。PaRP/EA 比其他算法差的最大比例为 9/45（20%），参见 PaRP/EA 与 θ-DEA 的比较。表 4-3 总结了 WFG^{-1} 测试问题的假设检验结果。就 IGD 指标而言，PaRP/EA 在所有 45 个（100%）测试实例上均优于 1by1EA；在 98% 测试实例上表现比 NSGA-Ⅲ、MOEA/D 和 θ-DEA 好；在 87% 测试实例上优于 GWASF-GA 和 MOEA/D-IPBI。此外，VaEA 算法是与 PaRP/EA 性能最相似的算法。就 HV 指标而言，PaRP/EA 在至少 69% 和最多 84% 测试实例上，其性能比其他算法更优。与其他所有算法相比（除 GWASF-GA 和 MOEA/D-IPBI 外），PaRP/EA 仅在一个测试实例上表现较差。

表 4-2　WFG 测试问题实验结果的比较

PaRP/EA 与		NSGA-Ⅲ	VaEA	MOEA/D	θ-DEA	1by1EA	GWASF-GA	MOEA/D-IPBI
IGD	●	28/45	29/45	36/45	32/45	38/45	42/45	38/45
	○	11/45	3/45	5/45	9/45	1/45	0/45	4/45
	‡	6/45	13/45	4/45	4/45	6/45	3/45	3/45
HV	●	18/45	35/45	41/45	19/45	32/45	39/45	34/45
	○	6/45	1/45	1/45	9/45	6/45	4/45	4/45
	‡	21/45	9/45	3/45	17/45	7/45	2/45	7/45

表 4-3　WFG^{-1} 测试问题实验结果的比较

PaRP/EA 与		NSGA-Ⅲ	VaEA	MOEA/D	θ-DEA	1by1EA	GWASF-GA	MOEA/D-IPBI
IGD	●	44/45	16/45	44/45	44/45	45/45	39/45	39/45
	○	1/45	8/45	0/45	0/45	0/45	3/45	6/45
	‡	0/45	21/45	1/45	1/45	0/45	3/45	0/45
HV	●	31/45	32/45	37/45	36/45	38/45	31/45	31/45
	○	1/45	1/45	1/45	1/45	1/45	2/45	6/45
	‡	13/45	12/45	7/45	8/45	6/45	12/45	8/45

图 4-4 给出了各个算法求解 3-目标 WFG9^{-1} 测试问题的最终解集。显然，PaRP/EA 和 MOEA/D-IPBI 解的分布性比其他算法更好。NSGA-Ⅲ 和 θ-DEA 的最终解未能充分覆盖整个 PF，而 1by1EA 的解仅能覆盖 PF 的一半左右。VaEA、MOEA/D 和 GWASF-GA 的最终解中存在集簇。此外，VaEA 的解主要分布在 PF 的中部，而 MOEA/D 和 GWASF-GA 的解主要聚集在边界或角落。值得注意的是，MOEA/D-IPBI 的解比 PaRP/EA 的解分布得更有规律，主要原因是前者采用了一组系统化方法产生的权向量。

图 4-5 以平行坐标的方式给出了各个算法求解 15-目标 WFG7^{-1} 测试问题的最终解（黑色线条）。为了展示算法处理凸状和凹状 PF 的性能差异，原始 WFG7 测试问题的最终解也在同一个图中给出（红色线条）。由图 4-5d 和 g 可知，MOEA/D 和 GWASF-GA 在 WFG7 和 WFG7^{-1} 测试问题上表现均不好，两个算法最终解的分布极为相似。如图 4-5b 和图 4-5e 所示，NSGA-Ⅲ 和 θ-DEA 在原始 WFG7 测试问题上的性能优于它们在 WFG7^{-1} 问题上的性能。虽然 MOEAD-IPBI 未能在 WFG 上返回一组多样化的解，但是该算法在 WFG7^{-1} 上却表现优异。以上发现与文献 [95] 一致，即

基于分解的算法的性能高度依赖于 PF 的形状。若算法所采用的权向量是运用系统化方法生成的，如 NSGA-Ⅲ 和 θ-DEA，则这些算法对具有三角形 PF 的测试问题非常有效，如 WFG4~WFG9 等。这是因为权向量的分布与 PF 的形状一致。MOEAD-IPBI 将种群从天底点推向 PF，这使得权向量的分布与倒三角形 PF 的形状一致。这就解释了为什么 MOEA/D-IPBI 能在 WFG7^{-1} 上找到一组分布较好的解集（WFG7^{-1} PF 的形状呈倒三角形）。

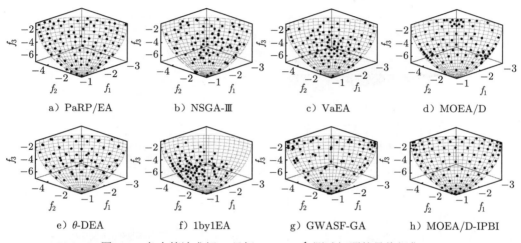

a) PaRP/EA   b) NSGA-Ⅲ   c) VaEA   d) MOEA/D

e) θ-DEA   f) 1by1EA   g) GWASF-GA   h) MOEA/D-IPBI

图 4-4 各个算法求解 3-目标 WFG9^{-1} 测试问题的最终解集

下面分析未采用权向量算法的性能。一般而言，这些算法求解 WFG7 和 WFG7^{-1} 时未出现显著性能差异。如图 4-5f 所示，1by1EA 解的分布在不同问题上有各自的优势。WFG7 问题的解可较好地覆盖某些目标，但在其他目标上则表现较差，尤其是多样性。相反，WFG7^{-1} 的解可较好地覆盖后几个目标维度。根据图 4-5c 可知，VaEA 针对 FG7 和 WFG7^{-1} 问题的解均有较好的分布。然而，VaEA 未能找到 WFG7^{-1} 某些目标维度的下界（WFG7^{-1} 的 PF 满足 $-2i-1 \leqslant f_i \leqslant -1$ for $i = 1, 2, \cdots, 15$ [95]）。从图 4-5a 可以看出，PaRP/EA 的解在两个问题上均分布广泛。得益于 Pareto 自适应参考点，PaRP/EA 的性能免受 PF 凹凸性的影响。若 PF 被估计为凸状，则参考点设置为天底点；否则，使用理想点作为参考点。有研究表明，天底点更适合凸状 PF[92-93,95]。因此，PaRP/EA 自适应调整参考点可更好地适应不同形状的 PF。这就解释了为什么 PaRP/EA 算法可同时在凸状和凹状 PF 的问题上取得优良效果。

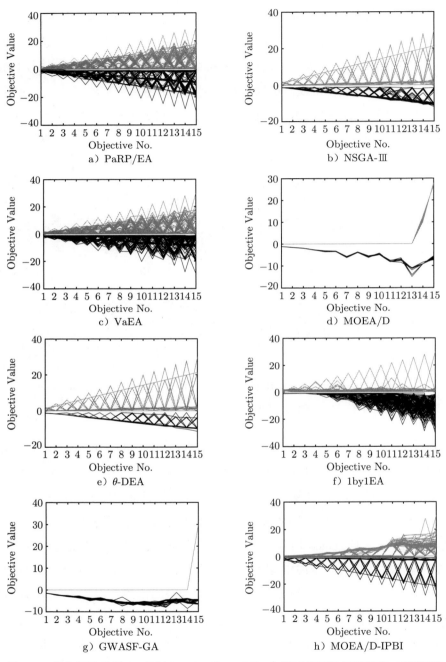

图 4-5　各个算法求解 15-目标 WFG7 和 WFG7^{-1} 测试问题的最终解集（见彩插）

4.1.3　小结

本节主要讨论了智能算法在多目标优化中的应用，运用智能算法求解高维多目标优化问题，提出了一种简单而有效的方法估计 PF 的大致形状，进而自适应地选择参考点。根据所选择的参考点，计算收敛性指标和多样性指标。此外，还给出了一种检测和删除支配抵抗解的可行方法。实验结果表明，采用自适应参考点有助于提升算法处理不同形状 PF 的性能，增强算法的灵活性；提出的处理支配抵抗解的方法可及时移除这类解，进而加快算法收敛并改善算法性能。

本节给出相关的参考资料，包括：

- 论文：XIANG Yi, ZHOU Yuren, YANG Xiaowei, et al. A Many-objective Evolutionary Algorithm With Pareto-adaptive Reference Points[C]. IEEE Transactions on Evolutionary Computation, DOI: 10.1109/TEVC.2019.2909636. https://ieeexplore.ieee.org/document/8682100。
- 实验数据：https://ieeexplore.ieee.org/document/8682100/media#media。
- 论文源程序：http://www2.scut.edu.cn/_upload/article/files/74/7c/392c47d045e3948f22ded94344af/397341a2-6f56-42f3-b2c4-bd13f0fca3d8.zip。

4.2　配置软件产品的有效方法——"多目标进化算法 + 分布估计"

4.2.1　研究进展简述

如图 4-6 所示，国内外众多知名大公司，如华为、波音（Boeing）、西门子（Siemens）、东芝（Toshiba）等，均采用软件产品线（Software Product Line, SPL）进行产品开发。该技术一方面可以更好地满足终端用户的多样化需求，实现产品定制；另一方面有助于节约开发成本、降低维护工作量以及缩短上市周期等。著名的 Linux 操作系统、Eclipse IDE、Drupal 网站开发系统、Amazon 等就是运用产品线技术开发的软件产品。

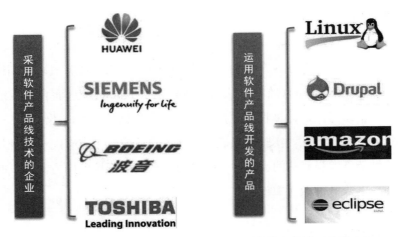

图 4-6   采用软件产品线技术的企业和运用软件产品线开发的产品

事实上，软件产品线技术采用可复用的模块化软件部件实现软件产品集的开发，该集合中的软件产品通常由特征模型（Feature Model）进行描述。其中，一个特征通常指系统的某个特定功能，而一个产品则是一个特征集合。特征模型明确了特征之间的约束关系，进而定义构成有效软件产品的所有特征组合。近年来，软件产品线配置问题是有关软件产品线研究的一个重要课题，该问题已成为基于搜索的软件工程（Search-Based Software Engineering，SBSE）的一个重要代表。配置软件产品线即根据特征模型及特征间的约束关系选择特征子集，优化软件工程师或终端用户的一个或多个目标需求，如总费用尽可能少、所选模块尽可能丰富、软件缺陷数尽可能少等。在数学方面，软件产品线问题可建模为大规模的、带约束的二元多目标优化问题。在实际软件产品线中，特征通常数量巨大（可达数万个），且相互之间存在大量（可达数十万个）错综复杂的依赖或排斥等约束关系。在如此大规模、高度约束的决策空间，人工配置软件产品根本不可行。

针对上述问题，本节介绍一种配置软件产品线的多目标进化算法 MOEA/D-EoD[105]。在决策空间，提出一种概率模型估计解的分布，进而以采样方式产生新个体。根据领域知识，设计基于可满足性求解器的修复算子和约束处理机制。在实验部分，采用学术界和工业界广泛使用的真实软件产品线进行仿真实验。结果表明，提出的方法较其他主流方法具有更好的性能表现。该研究成果是基于分解的多目标进化算法的一个成功应用，为实现计算机自动配置软件产品线提供了切实可行的解决方案。

4.2.2　科学原理

1. 问题描述

在基于搜索的软件工程领域，软件产品线（SPL）最优产品选择问题是研究得最广泛的问题之一。为清楚地对该问题进行描述，首先引入以下重要概念。

软件产品线采用一组可复用的软件模块系统地配置一组软件产品，它们具有共性，也有可变性[106]，通常采用特征模型（FM）[107] 表示软件产品线。特征模型是一种树状结构，其中每个节点代表一个特征[108-109]。如图 4-7 所示是一个移动手机软件产品线的特征模型，其中包含 10 个特征。

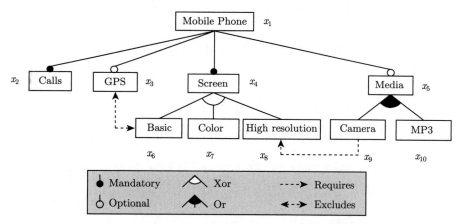

图 4-7　一个简化后的移动手机软件产品线对应的数学模型

在特征模型中，每个特征（除根特征之外）仅有一个父代特征，可以有多个子代特征。特征模型明确了父代–子代关系（PCR）和跨层约束关系（Cross-Tree Constraint，CTC）[110]。给定一个父代特征 X，以及其子代特征 $\{x_1, x_2, \cdots, x_n\}$，存在以下四种 PCR，其中每一种关系均可用命题公式表示。

- x_i 是强制性子特征: $x_i \leftrightarrow X$。
- x_i 是可选性子特征: $x_i \rightarrow X$。
- $\{x_1, \cdots, x_n\}$ 是一组 or 子特征: $X \leftrightarrow x_1 \vee \cdots \vee x_n$。
- $\{x_1, \cdots, x_n\}$ 是一组 xor 子特征: $(X \leftrightarrow x_1 \vee \cdots \vee x_n) \wedge \{\mathop{\wedge}\limits_{1 \leqslant i < j \leqslant n} (\neg(x_i \wedge x_j))\}$。

此外，给定两个特征 x_1 和 x_2，存在以下两类 CTC：

- x_1 requires x_2: $x_1 \rightarrow x_2$。
- x_1 excludes x_2: $\neg(x_1 \wedge x_2)$。

有效软件产品必须同时满足 PCR 和 CTC 约束关系，违反任何约束的产品是没有实际意义的，故这类约束称为"硬约束"(HC)。例如，图 4-7 中的特征模型可由下面的命题公式表示：

$$
\begin{aligned}
\mathrm{HC} = {} & x_1 \wedge \{x_1 \leftrightarrow x_2\} \wedge \{x_1 \leftrightarrow x_4\} \wedge \{x_3 \rightarrow x_1\} \\
& \wedge \{x_5 \rightarrow x_1\} \wedge \{x_4 \leftrightarrow \mathrm{xor}\{x_6, x_7, x_8\}\} \\
& \wedge \{x_5 \leftrightarrow x_9 \vee x_{10}\} \wedge \{x_9 \rightarrow x_8\} \wedge \{\neg\{x_3 \wedge x_6\}\}
\end{aligned} \tag{4-8}
$$

式 (4-8) 可进一步转换为等价的合取范式 (CNF)，即：

$$
\begin{aligned}
\mathrm{HC} = {} & x_1 \wedge (\neg x_1 \vee x_2) \wedge (x_1 \vee \neg x_2) \wedge (\neg x_1 \vee x_4) \\
& \wedge (x_1 \vee \neg x_4) \wedge (x_1 \vee \neg x_3) \wedge (x_1 \vee \neg x_5) \wedge (x_4 \vee \neg x_6) \\
& \wedge (x_4 \vee \neg x_7) \wedge (x_4 \vee \neg x_8) \wedge (\neg x_4 \vee x_6 \vee x_7 \vee x_8) \\
& \wedge (\neg x_6 \vee \neg x_7) \wedge (\neg x_6 \vee \neg x_8) \wedge (\neg x_7 \vee \neg x_8) \\
& \wedge (x_5 \vee \neg x_9) \wedge (x_5 \vee \neg x_{10}) \wedge (\neg x_5 \vee x_9 \vee x_{10}) \\
& \wedge (x_8 \vee \neg x_9) \wedge (\neg x_3 \vee \neg x_6)
\end{aligned} \tag{4-9}
$$

在式 (4-9) 中，共有 19 个硬约束。注意式 (4-9) 中的每个析取式又称为子句。

带软约束的软件产品配置问题

通过选择或不选择各个特征 x_i $(i = 1, \cdots, n)$，在决策空间 $\{0,1\}^n$ 进行搜索，进而求解软件产品配置问题 [111–114] 这些搜索到的解满足：特征模型指定的所有 HC，如式 (4-9) 指定的约束；折中多个（若四个或以上）优化目标，例如总费用、未选择的特征数、已知软件缺陷数等 [111–114]。

既往研究仅考虑硬约束。实际生活中，人们可能需要考虑"软约束"(SC)。所谓软约束通常与用户的需求相关。根据文献 [111]、[112]、[113] 和 [115] 的建议，我们为第

i 个特征添加三个属性，即 cost_i、used_before_i 和 defects_i，从而构造带有软约束的软件产品配置问题。这些属性值以均匀分布的方式随机产生。具体地，cost_i 取值为 5 到 15 之间的随机数，defects_i 取值为 0 到 10 之间的整数，used_before_i 取随机布尔值（0 或 1）。此外，used_before_i 和 defects_i 还存在以下约束关系：如果 $(\text{not used\_before}_i)$，则 $\text{defects}_i = 0$。上述属性值的范围是根据前人工作的经验设置的 [111-113,115]。

根据以上属性，构造以下 2-目标的软件产品配置问题。

$$最小化 \quad \boldsymbol{f}(\boldsymbol{x}) = (f_1(\boldsymbol{x}), f_2(\boldsymbol{x})) \tag{4-10}$$

$$满足 \quad \text{CNF 形式的硬约束} \tag{4-11}$$

$$\sum_{j=1}^{n} \text{cost}_j \cdot x_j \leqslant \sigma \sum_{j=1}^{n} \text{cost}_j \tag{4-12}$$

$$\boldsymbol{x} = (x_1, \cdots, x_n)^T \in \{0,1\}^n \tag{4-13}$$

其中

$$f_1(\boldsymbol{x}) = n - \sum_{j=1}^{n} x_j \tag{4-14}$$

$$f_2(\boldsymbol{x}) = \sum_{j=1}^{n} x_j \cdot (1 - \text{used\_before}_j) \tag{4-15}$$

约束 (4-11) 明确所有 CNF 形式的硬约束（如式 (4-9) 中的约束）。式（4-12）中的约束条件说明当前软件产品的费用不得超过 $\sigma \sum_{j=1}^{n} \text{cost}_j$，即软件工程师或终端用户有预算限制。式（4-12）中的参数 σ 设置为 0.2 ⊖，由约束（4-13）知，$\boldsymbol{x}$ 是 n 维二元向量。

第一个优化目标 $f_1(\boldsymbol{x})$（式 (4-14)）表示未选择特征数。实际中，人们往往希望待配置的产品提供尽可能多的功能。因此，需最大化所选特征数，即 $\sum_{j=1}^{n} x_j$。反之，未选择的特征数则需最小化。

第二个优化目标 $f_2(\boldsymbol{x})$（式 (4-15)）表示之前未使用的特征数。如文献 [113-114] 的讨论，之前未使用的特征更有可能是有错误的。因此，应最小化之前未使用的特征

⊖　根据经验实验结果，将 σ 设置为 0.2 可同时出现可行解和不可行解。因此，约束（4-12）可用于测试算法区分可行解和不可行解的能力。

数。根据式 (4-15)，我们仅考虑当前选中的特征，若特征未被选中，即 $x_j = 0$，则 $x_j \cdot (1 - \text{used\_before}_j)$ 对 $f_2(\boldsymbol{x})$ 的贡献为 0；反之，若 x_j 被选中且之前未被使用，即 $x_j = 1$ 且 $\text{used\_before}_j = 0$，则 $x_j \cdot (1 - \text{used\_before}_j)$ 对 $f_2(\boldsymbol{x})$ 的贡献为 1。

加入第三个优化目标：

$$f_3(\boldsymbol{x}) = \sum_{j=1}^{n} \text{defects}_j \cdot x_j \tag{4-16}$$

可构造 3-目标的软件产品配置问题：

$$\begin{aligned} \text{Minimize} \quad & \boldsymbol{f}(\boldsymbol{x}) = (f_1(\boldsymbol{x}), f_2(\boldsymbol{x}), f_3(\boldsymbol{x})) \\ \text{s.t.} \quad & \text{与式 (4-11)} \sim \text{式 (4-13) 相同的约束条件} \end{aligned} \tag{4-17}$$

可以看到，3-目标配置问题与 2-目标问题具有相同的约束条件。新加入的目标（见式 (4-16)）是所有选中特征的总缺陷数。显然，该目标需最小化。

最后，4-目标软件产品配置问题的定义如下：

$$\text{Minimize} \quad \boldsymbol{f}(\boldsymbol{x}) = (f_1(\boldsymbol{x}), f_2(\boldsymbol{x}), f_3(\boldsymbol{x}), f_4(\boldsymbol{x})) \tag{4-18}$$

s.t. 与式 (4-11) 和式 (4-12) 相同的约束

$$\sum_{j=1}^{n} \text{defects}_j \cdot x_j \leqslant \delta \sum_{j=1}^{n} \text{defects}_j \tag{4-19}$$

与式 (4-13) 相同的约束

上述问题通过添加式 (4-20) 定义的第四个优化目标以及式（4-19）定义的新约束构造而得，第四个优化目标表示总费用，该目标需最小化。增加的约束 (4-19) 对允许的缺陷数施加限制。在式 (4-19) 中，δ 设置为 0.1 ⊖。

$$f_4(\boldsymbol{x}) = \sum_{j=1}^{n} \text{cost}_j \cdot x_j \tag{4-20}$$

⊖ 与式 (4-12) 中参数 σ 的设置类似，δ 也是基于经验实验取值的。

2. 基于分布估计的多目标进化算法

本节首先给出 EoD 更新算子的细节，将该算子集成于两个著名的基于分解的算法，即 MOEA/D [91] 和 NSGA-Ⅲ [77]。接着，给出适合软件产品配置问题的新修复算子。最后，给出以上两算法处理软约束的机制。

EoD 更新算子在多数基于分解的 MOEA 中，采用 N 个权向量可将 MOP 分解为一系列标量子问题。对每个子问题，可运用历史解信息构造概率模型，进而采用该模型更新解。每个子问题 i $(i = 1, 2, \cdots, N)$ 均维护了一个概率向量 $\boldsymbol{p}_i = (p_{i_1}, p_{i_2}, \cdots, p_{i_n})$，其中第 k 个分量表示第 k 个位置取值为 "1"（或 true）的概率。也就是说，$p_{i_k} = P(x_{i_k} = 1)$，其中 $P(\cdot)$ 表示事件的概率。由于 p_{i_k} 的精确值是未知的，故我们采用以下公式对其进行估计：

$$p_{i_k} = \alpha \cdot 0.5 + (1 - \alpha) \cdot \frac{T_{i_k}}{S_i}, \tag{4-21}$$

其中 T_{i_k} 是第 i 个子问题第 k 个基因位取值为 1 的累积个数，S_i 表示第 i 个子问题所访问的解的总数。显然，$\frac{T_{i_k}}{S_i} \leqslant 1$，这是由于 $T_{i_k} \leqslant S_i$。若仅采用 $\frac{T_{i_k}}{S_i}$ 估计 p_{i_k}，当 S_i 不够大时是有问题的，尤其是在进化初期访问的解有限的时候。

为了处理以上问题，引入学习因子 $\alpha \in [0, 1]$ 对 0.5 和 $\frac{T_{i_k}}{S_i}$ 这两项进行加权。在初期，决策变量以 0.5 的概率取值 0 或 1。随着进化的持续进行，$\frac{T_{i_k}}{S_i}$ 项逼近 p_{i_k} 的准确性越来越高。直观上，初始阶段 α 应该较大，后期则应该较小。因此，可根据下式更新 α 的值：

$$\alpha = 1 - \frac{\text{FEs}}{\text{max\_FEs}} \tag{4-22}$$

其中 FEs 是当前函数评估次数，max_FEs 是允许的最大函数评估次数。类似地，若采用最大运行时间 max_RT 作为终止条件，则 α 的更新公式为：

$$\alpha = 1 - \frac{\text{RT}}{\text{max\_RT}} \tag{4-23}$$

其中 RT 是当前已消耗的运行时间。

由式 (4-22) 和式 (4-23) 可知，在整个进化周期 α 从 1.0 线性地减少到 0.0。在前期，式 (4-21) 的第二项 "$\dfrac{T_{i_k}}{S_i}$" 仅是对解分布的粗略估计。因此，为该项赋较小权重而对第一项 "0.5" 赋较大权重是合理的。也就是说，初始时 p_{i_k} 接近 0.5，即随机赋值为 0 或 1。在后期，p_{i_k} 主要由第二项决定，这是因为随着 α 的减小，$1-\alpha$ 逐步增大。

EoD 更新算子流程见算法 4-4。如算法第 1 行所示，第 i 个子问题的概率向量的分量 $\boldsymbol{p}_i$ 由式 (4-21) 计算。类似变异算子的变异概率，EoD 引入更新概率 u_p，确定 EoD 更新的变量的比例。如算法 4-4 的第 4 行所示，对每一个维度 k，若随机数 r_1 小于 u_p，则执行 EoD 更新算子。更新之前，程序需检查 $r_2 < p_{i_k}$ 是否为真，若是，则将 x_k 置为 1；否则，置为 0（见算法 4-4 的第 6~10 行）。

算法 4-4　EoD_update_operator $(\boldsymbol{x}, i, u_p)$

输入： $\boldsymbol{x}$ (待更新解), i (第 i 个子问题), u_p (更新概率)

输出： $\boldsymbol{x}$ (更新后的解)

1: 根据式 (4-21) 构造 $\boldsymbol{p}_i$
2: **for** $k \leftarrow 1$ **to** n **do**
3: 　　$r_1 \leftarrow rand(0,1)$
4: 　　**if** $r_1 < u_p$ **then**
5: 　　　　$r_2 \leftarrow rand(0,1)$
6: 　　　　**if** $r_2 < p_{i_k}$ **then**
7: 　　　　　　$x_k \leftarrow 1$
8: 　　　　**else**
9: 　　　　　　$x_k \leftarrow 0$
10: 　　　　**end if**
11: 　　**end if**
12: **end for**
13: **return** $\boldsymbol{x}$

值得说明的是，EoD 更新算子易于实现。从编程的角度看，仅需为 S_i 维护一个变量，为 $\boldsymbol{T}_i = (T_{i_1}, T_{i_2}, \cdots, T_{i_n})$ 维护一个数组。此外，当第 i 个问题出现新解时，这个变量和数组可自动更新。下面将展示如何轻松地将 EoD 更新算子集成于基于分解的多

目标进化算法。

3. 将 EoD 算子集成于基于分解的 MOEA

下面将 EoD 集成于两个著名的基于分解的 MOEA（即 MOEA/D 和 NSGA-Ⅲ），形成新算法 MOEA/D-EoD 和 NSGA-Ⅲ-EoD。

MOEA/D-EoD 的算法框架见算法 4-5，其中下划线标注与 EoD 相关的程序。在 MOEA/D-EoD 算法中，N 和 T 是两个控制参数，分别表示种群规模和邻域规模。与 MOEA/D 类似，新算法也需指定一组权向量 $\{\boldsymbol{w}_1, \cdots, \boldsymbol{w}_N\}$。在算法运行之前，采用系统化方法 [77,101-102] 产生一组权向量，确定与每个权向量最近的 T 权向量，进而确定邻居 (见算法 4-5 的第 1~2 行)。接着，随机初始化种群 P。若存在不可行解，则运用与问题相关的方法进行修复。针对软件产品配置问题，修复算子将在后面给出。以下是 MOEA/D-EoD 算法的一些重要步骤。

（1）归一化与估计理想点/天底点

建议归一化目标向量 (算法 4-5 第 6 行)。采用 $\boldsymbol{z}^{\min} = (z_1^{\min}, \cdots, z_m^{\min})^{\mathrm{T}}$ 和 $\boldsymbol{z}^{\max} = (z_1^{\max}, \cdots, z_m^{\max})^{\mathrm{T}}$，运用以下公式将目标向量 $\boldsymbol{f}(\boldsymbol{x}) = (f_1(\boldsymbol{x}), \cdots, f_m(\boldsymbol{x}))^{\mathrm{T}}, \boldsymbol{x} \in P$ 归一化为 $\widetilde{\boldsymbol{f}}(\boldsymbol{x}) = (\widetilde{f}_1(\boldsymbol{x}), \cdots, \widetilde{f}_m(\boldsymbol{x}))^{\mathrm{T}}$

$$\widetilde{f}_i(\boldsymbol{x}) = \frac{f_i(\boldsymbol{x}) - z_i^{\min}}{z_i^{\max} - z_i^{\min}} \tag{4-24}$$

其中 $z_i^{\min}$ 是第 i 个目标目前已知的最小值，$z_i^{\max}$ 是当前种群第 i 个目标的最大值。由式 (4-24) 可知，$\widetilde{f}_i(\boldsymbol{x}) \in [0, 1]$。

理想点和天底点的分量分别定义了目标函数的下界和上界，表示 PF 中每个目标值可达的最优和最差值 [92]，真实的理想点和天底点获取较为困难，它们通常是在优化过程中估计而得。归一化后，理想点被估计为 $\boldsymbol{z}^{\mathrm{ideal}} = (-0.1, \cdots, -0.1)^{\mathrm{T}}$，这与文献 [91, 116] 的建议取值一致。由分析 [92] 知，天底点可估计为 $\boldsymbol{z}^{\max}$ 或者被该点支配的其他点。为了与 $\boldsymbol{z}^{\mathrm{ideal}}$ 点中的收缩因子一致，这里天底点被估计为 $\boldsymbol{z}^{\mathrm{nadir}} = (1.1, \cdots, 1.1)^{\mathrm{T}}$。

在算法 4-5 的第 7 行中，根据用户的需求初始化参考点 $\boldsymbol{z}^*$。若是指定理想点，则

z^* 设置为 z^{ideal}；否则，z^* 设置为 z^{nadir}。

算法 4-5　二元优化的 MOEA/D-EoD 算法

输入： N (种群规模)，T (邻域规模)

输出： 最终种群 P

1: 初始化 N 个权向量 $\boldsymbol{w}_1, \cdots, \boldsymbol{w}_N$

2: 对每个 $i = 1, \cdots, N$，置 $B(i) = \{i_1, \cdots, i_T\}$，其中 $\boldsymbol{w}_{i_1}, \cdots, \boldsymbol{w}_{i_T}$ 是与 $\boldsymbol{w}_i$ 最近的 T 权向量

3: 随机产生初始种群 $P = \{\boldsymbol{x}_1, \cdots, \boldsymbol{x}_N\}$，并修复不可行解.

4: 计算 $\boldsymbol{f}(\boldsymbol{x}_1), \cdots, \boldsymbol{f}(\boldsymbol{x}_N)$.

5: **while** 终止条件未满足 **do**

6:　　确定 $\boldsymbol{z}^{min}$ 和 $\boldsymbol{z}^{max}$. 对每个 $\boldsymbol{f}(\boldsymbol{x})$，$\boldsymbol{x} \in P$，运用式 (4-24) 将其归一化为 $\widetilde{\boldsymbol{f}}(\boldsymbol{x})$

7:　　初始化标量化函数中的参考点 $\boldsymbol{z}^*$

8:　　**for** $i = 1, \cdots, N$ **do**

9:　　　从 $B(i)$ 随机选择两个索引 k 和 l，对 $\boldsymbol{x}_k$ 和 $\boldsymbol{x}_l$ 执行交叉算在，产生两个新个体 $\boldsymbol{y}_1$ 和 $\boldsymbol{y}_2$.

10:　　　以概率 0.5 将 $\boldsymbol{y}$ 随机置为 $\boldsymbol{y}_1$ 或 $\boldsymbol{y}_2$。类似地，将 h 随机置为 k 或 l.

11:　　　$EoD\_update\_operator(\boldsymbol{y}, h, u_p)$ // 算法 4-4

12:　　　修复解 $\boldsymbol{y}$.

13:　　　计算 $\boldsymbol{f}(\boldsymbol{y})$ 并采用第 6行的 $\boldsymbol{z}^{min}$ 和 $\boldsymbol{z}^{max}$ 将其归一化为 $\widetilde{\boldsymbol{f}}(\boldsymbol{y})$.

14:　　　根据 $\widetilde{\boldsymbol{f}}(\boldsymbol{y})$ 更新 $\boldsymbol{z}^*$.

15:　　　更新子问题：对每个 $j \in B(i)$，若 $g^*(\boldsymbol{y}|\boldsymbol{w}_j, \boldsymbol{z}^*) < g^*(\boldsymbol{x}_j|\boldsymbol{w}_j, \boldsymbol{z}^*)$，则置 $\boldsymbol{x}_j = \boldsymbol{y}$，且 更新 EoD 的 S_j 和 $\boldsymbol{T}_j$. // g^* 表示某个标量化函数

16:　　**end for**

17: **end while**

18: **return** P

（2）繁殖算子

为产生新解，从 $B(i)$ 随机选择两个索引 k 和 l，并对父代 $\boldsymbol{x}_k$ 和 $\boldsymbol{x}_l$ 执行交叉算子（算法 4-5 第 10 行）。对二元优化问题，可选交叉算子较多。其中，单点交叉[117-118] 可能是最简单同时使用最广泛的算子。单点交叉交换两父代个体从开始到交叉点的二进制位。执行交叉算子一次可产生两个子代 $\boldsymbol{y}_1$ 和 $\boldsymbol{y}_2$。由算法 4-5的第 10 行可知，$\boldsymbol{y}$ 以概率 0.5 赋值为 $\boldsymbol{y}_1$ 或 $\boldsymbol{y}_2$，即从 $\boldsymbol{y}_1$ 和 $\boldsymbol{y}_2$ 随机选择一个解赋值给 $\boldsymbol{y}$，将由 EoD 进一步改善。

考虑到 $\boldsymbol{y}$ 的基因来源于 $\boldsymbol{x}_k$ 或 $\boldsymbol{x}_l$，采用第 k 个或第 l 个子问题的概率向量更新 $\boldsymbol{y}$。为此，h 设置为 k 或 l，并作为 EoD_update_operator 的第二个输入参数（算法 4-5 第11行）。

（3）更新子问题

在更新子问题之前，需根据算法 4-5 第 14 行指定的参考点类型更新 $\boldsymbol{z}^*$。若采用的是理想点，则 $\boldsymbol{z}^*$ 的更新方式为：对每个 $j = 1, \cdots, m$，若 $\widetilde{f}_j(\boldsymbol{y}) < z_j^*$，则 $z_j^* = \widetilde{f}_j(\boldsymbol{y})$。若采用的是天底点，则更新方式为：对每个 $j = 1, \cdots, m$，若 $\widetilde{f}_j(\boldsymbol{y}) > z_j^*$，则 $z_j^* = \widetilde{f}_j(\boldsymbol{y})$。

对每个索引 $j \in B(i)$，采用标量化函数（即 g^*）同时评估 $\boldsymbol{y}$ 和 $\boldsymbol{x}_j$。评估时，权向量为 $\boldsymbol{w}_j$ 并采用最新的参考点 $\boldsymbol{z}^*$。如算法 4-5 的第 15 行所示，若 $g^*(\boldsymbol{y}|\boldsymbol{w}_j, \boldsymbol{z}^*) < g^*(\boldsymbol{x}_j|\boldsymbol{w}_j, \boldsymbol{z}^*)$，则用 $\boldsymbol{y}$ 替换 $\boldsymbol{x}_j$。由于第 j 个子问题的解已被 $\boldsymbol{y}$ 替换，此时需相应地更新 EoD 算子中的 S_j 和 $\boldsymbol{T}_j$。具体地，S_j 自增 1，若 $y_k = 1$，则 T_{j_k} 也自增 1。

算法 MOEA/D-EoD 可采用的标量化函数 g^* 可以是加权函数（g^{WS}）[91]、加权 Tchebycheff 函数（g^{TCHE1} [91] 和 g^{TCHE2} [119-120]），以及基于惩罚的边界交叉函数（g^{PBI}）[91,116]。

最后，对提出 MOEA/D-EoD 做以下评论。

- 该算法框架中引入归一化，可处理目标尺度不一样的问题。
- 对标量化函数 g^{TCHE1}、g^{TCHE2} 和 g^{PBI} 做了适当修改，使得其中的参考点既可为理想点又可为天底点。
- 将 EoD 集成于 MOEA/D 是容易的。如算法 4-5 所示，MOEA/D-EoD 的算法框架和原始的 MOEA/D 框架仅有两处不同。

NSGA-Ⅲ-EoD 流程见算法 4-6。交叉算子产生的新解进一步由 EoD 改善（算法 4-6 中的第 8 和第 9 行）。算法的第 14 行表明，处理混合种群 $S = P \cup Q$ 的方式与原始 NSGA-Ⅲ 一样。该步骤之后，将从 S 中选择 N 个有潜力的解组成下一代种群。有关非支配排序、归一化、联合及小生境保留等策略，可参阅原始文献 [77]。

算法 4-6　二元优化问题的 NSGA-III-EoD 算法

输入： N (种群规模)

输出： 最终种群 P

1: 初始化 N 个参考点 $z_1, \cdots, z_N$.

2: 产生初始种群 $P = \{x_1, \cdots, x_N\}$，修复不可行解

3: **while** 终止条件未满足 **do**

4:　　$Q = \emptyset$

5:　　**for** $i = 1, \cdots, N/2$ **do**

6:　　　　随机选择两个索引 $k, l \in \{1, 2, \cdots, N\} \wedge k \neq l$.

7:　　　　对 x_k 和 x_l 执行交叉算子，产生两个新个体 y_1 和 y_2.

8:　　　　$EoD\_update\_operator(y_1, k, u_p)$ // 算法 4-4

9:　　　　$EoD\_update\_operator(y_2, l, u_p)$ // 算法 4-4

10:　　　　修复 y_1 和 y_2

11:　　　　将 y_1 和 y_2 加入 Q.

12:　　**end for**

13:　　$S = P \cup Q$

14:　　综合运用 NSGA-III 中的非支配排序、归一化、关联和小生境保留等操作，从 S 选择 N 个有前景的解组成下一代种群 P

15:　　对每个 $j \in \{1, \cdots, N\}$，更新 EoD 的 S_j 和 T_j.

16: **end while**

17: **return** P

这里重点关注算法 4-6 的第 15 行如何更新 EoD 算子中的 S_j 和 T_j。在 NSGA-III-EoD 中，目标空间被 N 个参考方向划分为 N 个子空间。第 14 行中的选择操作令第 j 个参考方向的小生境计数为 ρ_j，则 S_j 的更新如下：$S_j \leftarrow S_j + \rho_j$。与第 j 个参考方向关联的解被用于更新 T_j。对每个关联解，若第 k 个基因为 1，则 T_{jk} 自增 1。

图 4-8 给出了更新 S_j 和 T_j 的示意图，图中第一个和第三个参考方向均只有一个关联解，因此 $S_1 = S_1 + 1$ 且 $S_3 = S_3 + 1$。类似地，$S_2 = S_2 + 2$，$S_4 = S_4 + 2$，这是因为第二个和第四个参考向量具有两个关联解。由于没有解与 z_5 关联，故无须更新 S_5 和 T_5。

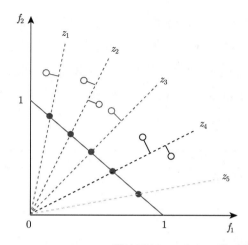

图 4-8　NSGA-III-EoD 算法更新 S_j 和 $\boldsymbol{T}_j$ 的示意图

最后，值得提及的是，EoD 可容易地集成于基于分解的 MOEA，其中 MOP 被分解成一系列子问题（如 MOEA/D），或者目标空间被划分为一些子空间（如 NSGA-III）。在上述两种情形下，可容易地记录每个子问题或子空间的历史信息，即 S_j 和 $\boldsymbol{T}_j$，$j = 1, \cdots, N$。考虑以上事实，EoD 与基于分解的算法的集成是容易的。本节给出了两个范例，即 MOEA/D-EoD 和 NSGA-III-EoD，在实践中，人们可以将 EoD 引入到其他基于分解的 MOEA。

4. 软件产品配置问题的修复算子

如算法 4-5 和算法 4-6 所示，在初始及繁殖阶段，应当修复不可行解。通常，修复算子应根据问题特性进行设计。对软件产品配置问题，提出一种新的基于可满足性求解器的修复算子。

由前述内容已知，硬约束可表示成 CNF。事实上，搜索满足所有硬约束的解本质上是求解一个可满足性问题。自然地，可用到可满足性求解器[114]，文献中有两类重要的可满足性求解器，即基于冲突驱动的子句学习（Conflict-Driven Clause Learning，CDCL）算法[122-125] 和随机局部搜索（Stochastic Local Search，SLS）算法[121,126-128] 受文献 [114] 的启发，提出同时运用两类求解器修复不可行解。所选的 CDCL 和 SLS 类型求解器分别为 SAT4J[122] 和 probSAT[121]。软件产品配置问题的修复算子见算法 4-7，违反硬约束的

不可行解 y，以概率 τ 用 probSAT 求解器 [121] 进行修复，或以概率 $1-\tau$ 用 SAT4J 求解器 [122] 进行修复。probSAT 无须遍历整个决策空间，故计算效率高于 SAT4J。SAT4J 最坏的时间复杂度是指数级的。然而，从不可行解出发，probSAT 无法保证总是找到可行解。因此，可引入 SAT4J 弥补上述缺陷。参数 τ 控制分配给两个求解器的计算资源，有关该参数的影响将在后面给出。

算法 4-7　软件产品配置问题的修复算子

输入： y // 违反 HCs 的不可行解

输出： y // 修复后的解

1: **if** $rand() < \tau$ **then**

2:　　采用 probSAT 求解器 [121] 修复 y

3: **else**

4:　　采用 SAT4J 求解器 [122] 修复 y

5: **end if**

6: **return** y

采用 SAT4J 修复不可行解 y（算法 4-7的第 4 行），首先需找到未违反约束的变量，然后将这些变量保持不变，调用求解器为剩余变量赋值，尝试找到可行解 [112]。例如，考虑 5 个特征 3 个硬约束的特征模型：$\text{FM} = (x_1 \vee x_5) \wedge (x_2 \vee x_3) \wedge (x_2 \vee x_5)$。解 $y = \{0,0,1,1,0\}$ 是不可行的，因为它违反了两个约束 $(x_1 \vee x_5)$ 和 $(x_2 \vee x_5)$，涉及 3 个变量 x_1、x_2 和 x_5。移除上述变量的赋值，使得解 $y = \{\_,\_,1,1,\_\}$ 部分可行。此时，将 y 输入 SAT4J 求解器补全变量赋值，最后返回可行解。例如，可能的返回解为 $y' = \{1,1,1,1,0\}$。这样，y 被修复为解 y'。

5. 处理软约束

满足所有硬约束的解有可能违反式 (4-12) 和式 (4-19) 定义的软约束。为此，引入约束违反（Constraint Violation，CV）值 [129] 处理上述情形。解 x 的 CV 值表明约束违反程度。对 2-和 3-目标的软件产品配置问题，仅有一个软约束（见式 (4-12)）。根据

文献 [129] 的建议，将式 (4-12) 改写为以下形式。

$$h(\boldsymbol{x}) = \frac{\sum\limits_{j=1}^{n} \text{cost}_j \cdot x_j}{\sigma \sum\limits_{j=1}^{n} \text{cost}_j} - 1 \leqslant 0 \tag{4-25}$$

此时，$\text{CV}(\boldsymbol{x}) = \max\{0, h(\boldsymbol{x})\}$，CV 的值越大表明违反约束程度越大。类似地，可计算 4-目标软件产品配置问题解的 CV 值。由于有两个软约束，即 (5) 和 (12)，可计算每个约束的 CV 值然后将这些值累加作为最终的 CV 值。在有软约束的情况下，算法 4-5的第 15 行应修改为算法 4-8；算法 4-6的第14行，非支配排序中的 Pareto 支配应替换为约束支配准则 [129]，该准则强调可行解和 CV 值小的解。

算法 4-8　考虑 CV 值的更新子问题程序

输入: $\boldsymbol{y}$ 和 $B(i)$

1: **for** $j \in B(i)$ **do**
2:　　**if** $CV(\boldsymbol{y}) < CV(\boldsymbol{x}_j)$ **then**
3:　　　　置 $\boldsymbol{x}_j = \boldsymbol{y}$, 且 更新 EoD 的 S_j 和 $\boldsymbol{T}_j$
4:　　**else if** $CV(\boldsymbol{y}) = CV(\boldsymbol{x}_j)$ **then**
5:　　　　若 $g^*(\boldsymbol{y}|\boldsymbol{w}_j, \boldsymbol{z}^*) < g^*(\boldsymbol{x}_j|\boldsymbol{w}_j, \boldsymbol{z}^*)$, 则 $\boldsymbol{x}_j = \boldsymbol{y}$, 并 更新 EoD 的 S_j 与 $\boldsymbol{T}_j$.
6:　　**end if**
7: **end for**

---

6. 实验研究

下面首先给出在两类测试问题上的实验结果，以说明 EoD 的确能提高基于分解的算法。然后，在软件产品配置问题上进行系列实验，再次说明 EoD 可带来性能提升，以及本节算法较 SATVaEA [114] 的优越性。

首先给出实验设置，然后给出 2-、3-和 4-目标软件产品配置问题的实验结果。

（1）实验设置

本实验中，实验设置包括以下内容。

采用的特征模型

本节采用表 4-4 的 13 个特征模型⊖ 构造软件产品配置问题的实例。这些模型是根据 Linux 内核、uClinux 操作系统等真实项目经逆向工程得来的 [130]。文献 [114] 表明，可以通过执行布尔约束传播（BCP）[131] 移除强制和废除达到简化特征模型的目的（详情参见文献 [114]）。表 4-4 给出了化简后的特征数及硬约束数。本节将特征数超过 3000 的模型视为大规模的。如表 4-4 所示，绝大多数模型是大规模的，最多可达 28 115 个特征、227 009 个硬约束。根据前述方法，每个特征模型均可构造出 2、3 和 4 目标的软件配置问题的具体实例。

表 4-4　本研究采用的特征模型

特征模型	特征数	硬约束个数
toybox	181	477
axTLS	300	1 657
freebsd-icse11	1 392	54 351
fiasco	631	3 314
uClinux	606	606
busybox-1.18.0	2 845	12 145
2.6.28.6-icse11	6 742	227 009
uClinux-config	5 227	23 951
coreboot	7 566	40 736
buildroot	8 150	37 294
freetz	16 481	85 671
2.6.32-2var	27 077	189 883
2.6.33.3-2var	28 115	195 815

种群规模及终止条件

对 2-、3- 和 4-目标的问题，种群规模分别设置为 100、105 和 120。与文献 [114] 一致，采用最大运行时间 max_RT 作为终止条件，其值分别为 6s（toybox 和 axTLS）、30s（fiasco、uClinux 和 busybox-1.18.0）以及 200s（表 4-4 中剩余所有特征模型）。注意，这些设置与目标个数无关。

算法的参数设置

在 MOEA/D-EoD 和 MOEA/D 算法中，邻域规模 T 为 10，PBI 中的惩罚参数 θ

⊖　特征模型数据见 LVAT 库: http://code.google.com/p/linux-variability-analysis-tools。

为 5，两算法均采用单点交叉算子，其中交叉概率为 1.0。在 MOEA/D 算法中，采用位变异算子，变异概率为 0.01，MOEA/D-EoD 算法中的更新概率 u_p 也设置为 0.01。在 SATVaEA 算法中，采用与 MOEA/D 同样的遗传算子及算子参数。此外，所有算法采用统一的修复算子。该算子的参数 τ 取值为 0.9。

性能指标

为对算法进行评估，选择超体积（HV）[98] 和 IGD+ [132-133] 作为性能指标，它们均可同时度量收敛性和多样性。其中，HV 是 Pareto 服从的 [134]，而 IGD+ 则是弱 Pareto 服从的 [133]。鉴于上述良好的理论特性，两个指标应用广泛。HV 值越大表明近似 PF 质量越高，而 IGD+ 则越小越好。

（2）2-目标问题的实验结果

表 4-5 给出了 MOEA/D-EoD 和 MOEA/D 在一些大规模 2-目标问题实例上，HV 和 IGD+ 指标的均值。如表 4-5 所示，就 TCHE1 和 TCHE2 而言，MOEA/D-EoD 可在除 2.6.28.6-icse11、freetz 和 2.6.33.3-2var 之外的所有特征模型上，取得比 MOEA/D 更优的 HV 值。至于 PBI，MOEA/D-EoD 在 5/7 个特征模型上比 MOEA/D 更优（HV）。IGD+ 指标的比较结果与 HV 指标的比较结果基本一致，再一次说明 MOEA/D-EoD 较 MOEA/D 具有优势。下面通过给出各个算法在四个典型特征模型上的最终解进行更为直观的比较。从图 4-9 可看出，在特征模型 2.6.28.6-icse11 上，MOEA/D-EoD 与 MOEA/D 解的收敛性和多样性差别不大；在 freebsd-icse11 上，MOEA/D-EoD 解的收敛性明显优于 MOEA/D 解的收敛性；对 uClinux-config 特征模型而言，MOEA/D-EoD 的解比 MOEA/D 的解更靠近 PF，尤其是 PF 的右下角部分。无论是解的收敛性还是多样性，MOEA/D-EoD 在 coreboot 模型上的性能都显著优于 MOEA/D。

将 MOEA/D-EoD 与配置软件产品的最新算法 SATVaEA 进行比较。HV 和 IGD+ 指标的均值见表 4-6。可以看出，考虑所有特征模型和两个指标，MOEA/D-EoD 均显著地优于 SATVaEA。图 4-10 清晰地表明，MOEA/D-EoD 解的收敛性明显比 SATVaEA 解的收敛性更好。

表 4-5   在 2-目标问题上，MOEA/D-EoD、MOEA/D 的 HV 和 IGD+ 指标均值

	FM	TCHE1		TCHE2		PBI	
		MOEA/D-EoD	MOEA/D	MOEA/D-EoD	MOEA/D	MOEA/D-EoD	MOEA/D
HV	2.6.28.6-icse11	$7.215E-01$	$7.221E-01$	$7.192E-01$	$7.198E-01$	$7.177E-01$	$7.116E-01$
	freebsd-icse11	$8.291E-01$	$7.278E-01$	$8.047E-01$	$7.009E-01$	$8.102E-01$	$6.780E-01$
	uClinux-config	$7.204E-01$	$7.071E-01$	$7.063E-01$	$6.971E-01$	$7.015E-01$	$6.859E-01$
	buildroot	$7.207E-01$	$7.110E-01$	$7.102E-01$	$7.063E-01$	$6.987E-01$	$6.965E-01$
	freetz	$7.070E-01$	$7.099E-01$	$7.038E-01$	$7.065E-01$	$6.976E-01$	$7.024E-01$
	coreboot	$7.711E-01$	$5.409E-01$	$7.605E-01$	$5.523E-01$	$7.692E-01$	$6.847E-01$
	2.6.33.3-2var	$6.784E-01$	$6.989E-01$	$6.841E-01$	$6.938E-01$	$6.927E-01$	$6.945E-01$
IGD+	2.6.28.6-icse11	$3.120E-02$	$3.157E-02$	$3.296E-02$	$3.243E-02$	$3.265E-02$	$3.710E-02$
	freebsd-icse11	$1.165E-01$	$2.062E-01$	$1.322E-01$	$2.175E-01$	$1.230E-01$	$2.359E-01$
	uClinux-config	$6.689E-02$	$7.946E-02$	$7.559E-02$	$8.604E-02$	$7.854E-02$	$9.368E-02$
	buildroot	$3.733E-02$	$4.257E-02$	$4.340E-02$	$4.529E-02$	$5.049E-02$	$5.114E-02$
	freetz	$2.118E-02$	$1.912E-02$	$2.287E-02$	$2.099E-02$	$2.724E-02$	$2.321E-02$
	coreboot	$5.884E-02$	$1.994E-01$	$6.732E-02$	$1.945E-01$	$5.840E-02$	$1.006E-01$
	2.6.33.3-2var	$2.475E-02$	$1.610E-02$	$2.226E-02$	$1.886E-02$	$1.903E-02$	$1.856E-02$

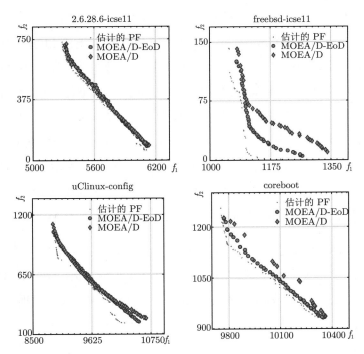

图 4-9   在四个典型特征模型上 $(m = 2)$，MOEA/D-EoD 和 MOEA/D 搜索到的最终解

表 4-6 MOEA/D-EoD(TCHE1) 和 SATVaEA 求解 2-目标问题的 HV 和 IGD+ 指标均值

FM	HV		IGD+	
	MOEA/D-EoD	SATVaEA	MOEA/D-EoD	SATVaEA
2.6.28.6-icse11	$7.215E-01$	$4.189E-01$	$3.120E-02$	$9.647E-02$
freebsd-icse11	$8.291E-01$	$1.797E-01$	$1.165E-01$	$5.100E-01$
uClinux-config	$7.204E-01$	$3.519E-01$	$6.689E-02$	$1.981E-01$
buildroot	$7.207E-01$	$4.273E-01$	$3.733E-02$	$1.012E-01$
freetz	$7.070E-01$	$4.712E-01$	$2.118E-02$	$4.390E-02$
coreboot	$7.711E-01$	$4.011E-01$	$5.884E-02$	$1.800E-01$
2.6.32-2var	$6.932E-01$	$3.222E-01$	$2.035E-02$	$9.943E-02$
2.6.33.3-2var	$6.784E-01$	$3.128E-01$	$2.480E-02$	$8.708E-02$

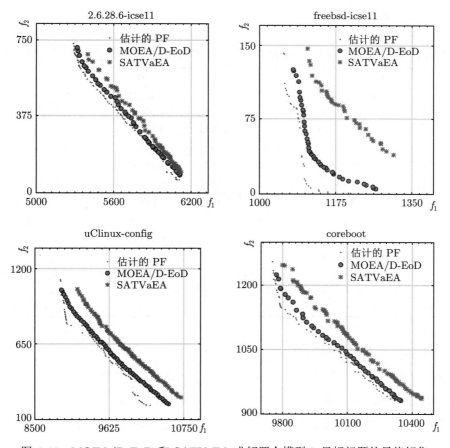

图 4-10 MOEA/D-EoD 和 SATVaEA 求解四个模型 2-目标问题的最终解集

以上观察结果表明，在大规模 2-目标问题上，MOEA/D-EoD 比 MOEA/D 更优，并且不受标量化函数和参考点的影响。此外，MOEA/D-EoD 较 SATVaEA 具有压倒性优势，尤其是考虑最终解的收敛性（参考图 4-10）。

（3）3-目标问题的实验结果

如表 4-7所示，运用 MOEA/D 求解 3-目标问题实例时，PBI 的表现优于 WS、TCHE1 和 TCHE2。下面主要采用 PBI 作为标量化函数，将 MOEA/D-EoD 与 MOEA/D 和 SATVaEA 进行比较。表 4-8 给出了三个算法的 HV 指标均值。与 MOEA/D 相比，MOEA/D-EoD 在 6 个模型（即 toybox、axTLS、fiasco、freetz、2.6.32-2var 和 2.6.33.3-2var）上具有相似的性能表现；但在剩下的 7 个模型上，MOEA/D-EoD 具有显著优势。与 SATVaEA 相比，MOEA/D-EoD 在所有模型上均表现更优。

表 4-7　在 3-目标问题上，MOEA/D 采用不同标量化函数时取得的 HV 指标均值

	WS	TCHE1	TCHE2	PBI
toybox	$7.085E-01$	$8.232E-01$	$8.129E-01$	$8.281E-01$
axTLS	$7.120E-01$	$7.685E-01$	$7.607E-01$	$7.818E-01$
fiasco	$4.911E-01$	$7.105E-01$	$6.980E-01$	$7.053E-01$
uClinux	$7.969E-01$	$8.665E-01$	$8.635E-01$	$8.764E-01$
busybox-1.18.0	$5.151E-01$	$6.354E-01$	$6.156E-01$	$6.533E-01$
2.6.28.6-icse11	$3.127E-01$	$6.376E-01$	$6.073E-01$	$6.529E-01$
freebsd-icse11	$7.327E-01$	$8.034E-01$	$7.689E-01$	$7.847E-01$
uClinux-config	$5.267E-01$	$6.836E-01$	$6.618E-01$	$7.112E-01$
buildroot	$4.137E-01$	$6.477E-01$	$6.249E-01$	$6.839E-01$
freetz	$3.655E-01$	$5.636E-01$	$5.500E-01$	$5.907E-01$
coreboot	$4.907E-01$	$6.464E-01$	$6.305E-01$	$6.953E-01$
2.6.32-2var	$2.262E-01$	$5.466E-01$	$5.338E-01$	$5.448E-01$
2.6.33.3-2var	$2.163E-01$	$5.378E-01$	$5.314E-01$	$5.429E-01$

如图 4-11所示，在小规模的 toybox 模型上，MOEA/D-EoD 和 MOEA/D 的最终解较为相似。在两个大规模的 uClinux-config 和 buildroot 模型上，MOEA/D-EoD 能找到更多的边界解。对模型 2.6.33.3-2var 而言，MOEA/D-EoD 和 MOEA/D 的最终解集从分布上看，并未有显著差异。我们发现，SATVaEA 的最终解要么主要分布在近似 PF 的中间区域（参考 toybox、uClinux-config 和 buildroot），要么在端点区域（参考

2.6.33.3-2var）。正是由于解的多样性较差，SATVaEA 的性能明显不如 MOEA/D-EoD。

表 4-8　在 3-目标问题上，MOEA/D-EoD (PBI)、MOEA/D (PBI) 和 SATVaEA 的 HV 指标均值

FM	MOEA/D-EoD	MOEA/D	SATVaEA
toybox	$8.259E-01$	$8.281E-01\ddagger$	$6.930E-01\bullet$
axTLS	$7.840E-01$	$7.818E-01\ddagger$	$6.516E-01\bullet$
fiasco	$7.026E-01$	$7.053E-01\ddagger$	$6.440E-01\bullet$
uClinux	$8.797E-01$	$8.764E-01\bullet$	$7.027E-01\bullet$
busybox-1.18.0	$6.656E-01$	$6.533E-01\bullet$	$5.509E-01\bullet$
2.6.28.6-icse11	$6.593E-01$	$6.529E-01\bullet$	$5.913E-01\bullet$
freebsd-icse11	$8.231E-01$	$7.847E-01\bullet$	$6.523E-01\bullet$
uClinux-config	$7.357E-01$	$7.112E-01\bullet$	$5.995E-01\bullet$
buildroot	$6.970E-01$	$6.839E-01\bullet$	$6.042E-01\bullet$
freetz	$5.973E-01$	$5.907E-01\ddagger$	$5.535E-01\bullet$
coreboot	$7.684E-01$	$6.953E-01\bullet$	$6.612E-01\bullet$
2.6.32-2var	$5.488E-01$	$5.448E-01\ddagger$	$3.923E-01\bullet$
2.6.33.3-2var	$5.415E-01$	$5.429E-01\ddagger$	$3.803E-01\bullet$

在小规模特征模型（如 toybox 和 fiasco）以及一些大规模模型（如 2.6.32-2var 和 2.6.33.3-2var）上，MOEA/D 与 MOEA/D-EoD 的性能相当。事实上，这些小规模特征模型相对较易，两算法均可有效处理。例如，如图 4-11 中的第一个子图所示，MOEA/D-EoD 和 MOEA/D 均可返回高质量的解集。对大规模的 2.6.32-2var 和 2.6.33.3-2var，它们均表示 x86 架构的 Linux 内核配置选项。因此，这两个特征模型具有一定的相似性 [130]。图 4-11 的第 4 个子图表明，由 2.6.33.3-2var 构造的软件产品配置问题的 PF 可能较为狭窄，难以有效区分两个算法最终解的优劣。

（4）4-目标问题的实验结果

4-目标软件产品配置问题的 HV 和 IGD+ 结果见表 4-9。就 HV 而言，MOEA/D-EoD 表现优于、等同于和不如 MOEA/D 的模型个数分别为 7、1 和 5。值得提及的是，MOEA/D 主要在前三个小规模，以及代表 Linux 内核配置选项的大规模模型上，取得不差于 MOEA/D-EoD 的性能表现。表 4-9同时表明，除 coreboot 之外，MOEA/D-EoD 在其他特征模型上均显著地优于 SATVaEA。就 IGD+ 指标而言，MOEA/D-EoD 在除

2.6.33.3-2var 之外的所有模型上，其表现优于或等同于 MOEA/D。此外，与 SATVaEA
相比，MOEA/D-EoD 的性能有显著提升。在 coreboot 特征模型上，MOEA/D-EoD 与
SATVaEA 的性能相似。

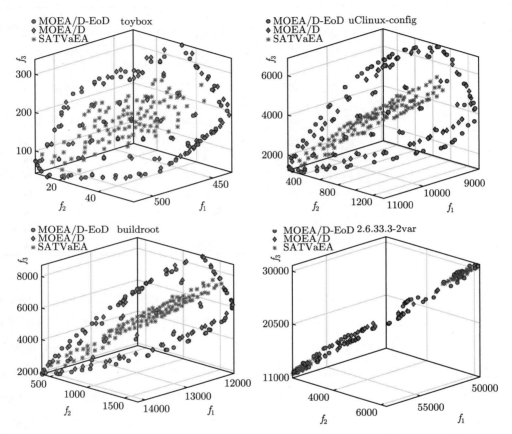

图 4-11　MOEA/D-EoD、MOEA/D 和 SATVaEA 求解四个典型 3-目标问题的最终解集（见彩插）

7. 进一步讨论

在前面，我们已从实验上证明 EoD 算子可显著提升 MOEA/D 算法在软件配置问
题方面的性能表现。下面将进一步回答以下研究问题（RQ）。

RQ1：参数 τ 如何影响修复算子的性能？

RQ2：在 EoD 算子中，历史解信息比邻居信息更有效吗？

RQ3：除 MOEA/D 外，EoD 算子也能提升其他基于分解的算法的性能吗？

表 4-9　在 **4**-目标软件产品配置问题上，**MOEA/D-EoD**、**MOEA/D** 和 **SATVaEA** 的 **HV** 与 **IGD+** 指标均值

FM	HV			IGD+		
	MOEA/D-EoD	MOEA/D	SATVaEA	MOEA/D-EoD	MOEA/D	SATVaEA
toybox	$6.479E-01$	$6.507E-01\circ$	$5.355E-01\bullet$	$3.220E-02$	$3.136E-02\ddagger$	$9.283E-02\bullet$
axTLS	$6.155E-01$	$6.203E-01\circ$	$4.938E-01\bullet$	$3.432E-02$	$3.445E-02\ddagger$	$1.057E-01\bullet$
fiasco	$5.661E-01$	$5.681E-01\circ$	$5.056E-01\bullet$	$2.021E-02$	$2.117E-02\ddagger$	$4.885E-02\bullet$
uClinux	$6.862E-01$	$6.802E-01\bullet$	$5.401E-01\bullet$	$1.728E-02$	$2.066E-02\bullet$	$1.334E-01\bullet$
busybox-1.18.0	$5.773E-01$	$5.647E-01\bullet$	$4.738E-01\bullet$	$2.970E-02$	$3.301E-02\bullet$	$9.412E-02\bullet$
2.6.28.6-icse11	$4.996E-01$	$5.060E-01\circ$	$4.809E-01\bullet$	$2.410E-02$	$2.283E-02\ddagger$	$4.607E-02\bullet$
freebsd-icse11	$6.170E-01$	$5.687E-01\bullet$	$4.115E-01\bullet$	$3.513E-02$	$5.130E-02\bullet$	$1.488E-01\bullet$
uClinux-config	$5.887E-01$	$5.611E-01\bullet$	$4.920E-01\bullet$	$2.108E-02$	$3.167E-02\bullet$	$8.394E-02\bullet$
buildroot	$5.437E-01$	$5.334E-01\bullet$	$4.895E-01\bullet$	$1.814E-02$	$2.190E-02\bullet$	$6.331E-02\bullet$
freetz	$5.136E-01$	$5.100E-01\bullet$	$4.917E-01\bullet$	$1.370E-02$	$1.504E-02\bullet$	$3.611E-02\bullet$
coreboot	$3.986E-01$	$2.309E-01\bullet$	$4.888E-01\circ$	$3.452E-02$	$5.064E-02\bullet$	$2.735E-02\ddagger$
2.6.32-2var	$4.669E-01$	$4.731E-01\ddagger$	$3.183E-01\bullet$	$1.501E-02$	$1.498E-02\ddagger$	$1.001E-01\bullet$
2.6.33.3-2var	$4.653E-01$	$4.760E-01\circ$	$3.191E-01\bullet$	$2.107E-02$	$1.571E-02\circ$	$1.080E-01\bullet$

回答 RQ1：以 MOEA/D-EoD(TCHE1+Ideal) 为例，以 0.1 为步长将 τ 从 0.0 更改到 1.0。τ 的每一个取值均在三个 2-目标问题（模型）上进行测试。这三个模型分别为 axTLS、fiasco 和 2.6.28.6-icse11。选择这些模型的主要原因在于，求解它们的终止条件各不相同，分别为 6s、30s 和 200s，图 4-12 以盒装图的形式给出了不同 τ 值 30 次运行的 HV 指标。如图 4-12a 和 b 所示，当 τ 从 0.0 增加到 0.5 时，HV 值有显著提升；当 $\tau \in \{0.5, \cdots, 0.9\}$ 时，HV 保持基本稳定；当 τ 从 0.9 变到 1.0 时，HV 值有一定程度的下降。如图 4-12c 所示，对 2.6.28.6-icse11 模型，随着 τ 的增大，HV 的中位数呈上升趋势。然而，当 $\tau = 1.0$ 时，HV 的变化幅度比 $\tau = 0.9$ 更大。

由以上讨论可知，修复算子偏好较大的 τ，这意味着需为 probSAT 分配更多的计算资源。上述结论实际上与文献 [114] 的发现一致。考虑到 $\tau = 0.9$ 具有较好的表现，故今后的实际应用中，τ 建议取值 0.9。

回答 RQ2：在 EoD 算子中，概率向量是从各子问题的历史信息学习而得的（见式 (4-21)）。绝大多数既往工作是根据邻居信息构造概率向量的，例如文献 [135] 的概率

向量 $\boldsymbol{p}_i$ 的分量计算如下。

$$p_{i_k} = \frac{\sum_{j=1}^{T} x_k^{i_j} + \xi}{T + 2\xi}, \tag{4-26}$$

其中，$x_k^{i_j}$ 表示第 i_j 个子问题（即第 i 个子问题的第 j 个邻居）第 k 个基因位；ξ 是一个较小数，定义为 $\xi = \dfrac{T \cdot s}{n - 2s}$。此处，$s$ 是控制参数，建议取值为 0.4 [135]。由式 (4-26) 知，p_{i_k} 由第 i 个子问题的邻居信息确定。

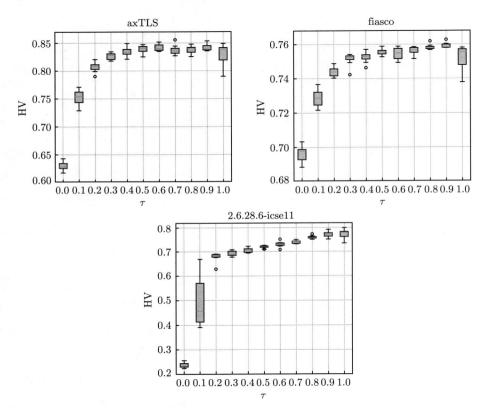

图 4-12　τ 取不同值时，MOEA/D-EoD (TCHE1+Ideal) 的 HV 指标值（盒装图）

表 4-10 给出了 MOEA/D-EoD (TCHE1+Ideal) 算法的 IGD+ 指标均值，其中概率向量或从历史信息（式 (4-21)），或从邻居信息（式 (4-26)）学习而得。与采用邻居信息的算法相比，在所有 MOKP、所有 2-目标 mUBQP 以及 9 个软件产品配置问题上，基于历史信息的算法表现更优。注意，采用历史信息的 MOEA/D-EoD 仅在三个小规模特征模型（即 toybox、axTLS 和 fiasco）上，其性能不如基于邻居信息的算法。

表 4-10   基于历史信息和邻居信息 MOEA/D-EoD (TCHE1+Ideal) 算法的 IGD+ 指标均值

问题	实例	m	历史信息	邻居信息
MOKP	2-500	2	$1.526E-02$	$7.519E-01\bullet$
	4-500	4	$8.701E-02$	$6.364E-01\bullet$
	6-500	6	$1.353E-01$	$7.192E-01\bullet$
	8-500	8	$1.383E-01$	$8.183E-01\bullet$
	10-500	10	$1.398E-01$	$1.063E+00\bullet$
mUBQP	$(-0.5,1000)$	2	$4.315E-02$	$3.461E-01\bullet$
	$(-0.2,1000)$	2	$6.846E-02$	$5.761E-01\bullet$
	$(0.0,1000)$	2	$6.291E-02$	$8.435E-01\bullet$
	$(0.2,1000)$	2	$7.879E-02$	$1.239E+00\bullet$
	$(0.5,1000)$	2	$1.089E-01$	$2.611E+00\bullet$
	$(-0.5,2000)$	2	$6.624E-02$	$3.552E-01\bullet$
	$(-0.2,2000)$	2	$7.258E-02$	$6.394E-01\bullet$
	$(0.0,2000)$	2	$1.125E-01$	$9.169E-01\bullet$
	$(0.2,2000)$	2	$1.801E-01$	$1.674E+00\bullet$
	$(0.5,2000)$	2	$3.370E-01$	$4.307E+00\bullet$
	$(-0.5,3000)$	2	$7.293E-02$	$3.927E-01\bullet$
	$(-0.2,3000)$	2	$9.749E-02$	$6.794E-01\bullet$
	$(0.0,3000)$	2	$1.227E-01$	$9.725E-01\bullet$
	$(0.2,3000)$	2	$1.844E-01$	$1.413E+00\bullet$
	$(0.5,3000)$	2	$5.188E-01$	$8.232E+00\bullet$
	$(-0.5,4000)$	2	$7.766E-02$	$3.486E-01\bullet$
	$(-0.2,4000)$	2	$1.108E-01$	$5.973E-01\bullet$
	$(0.0,4000)$	2	$1.233E-01$	$8.021E-01\bullet$
	$(0.2,4000)$	2	$2.609E-01$	$1.800E+00\bullet$
	$(0.5,4000)$	2	$5.840E-01$	$5.241E+00\bullet$
OSPS	toybox	3	$4.939E-02$	$4.031E-02\circ$
	axTLS	3	$6.195E-02$	$4.955E-02\circ$
	fiasco	3	$3.670E-02$	$3.251E-02\circ$
	uClinux	3	$4.217E-02$	$4.959E-02\bullet$
	busybox-1.18.0	3	$4.472E-02$	$4.587E-02\bullet$
	2.6.28.6-icse11	3	$3.099E-02$	$3.267E-02\bullet$
	freebsd-icse11	3	$5.418E-02$	$6.254E-02\bullet$
	uClinux-config	3	$4.428E-02$	$4.565E-02\bullet$
	buildroot	3	$3.695E-02$	$3.680E-02\ddagger$
	freetz	3	$2.390E-02$	$2.451E-02\bullet$
	coreboot	3	$4.385E-02$	$4.761E-02\bullet$
	2.6.32-2var	3	$2.285E-02$	$4.737E-02\bullet$
	2.6.33.3-2var	3	$2.056E-02$	$5.727E-02\bullet$

以上结果充分表明,在 EoD 算子中,采用历史信息确实更有利于提升算法性能。由于邻域规模相对较小,基于邻居信息构造的概率向量不太可能较为准确地估计解的真实分布。以上是运用邻居信息表现不佳的一种可能解释。

回答 RQ3：在之前已表明 EoD 也可与 NSGA-III 集成。本节将通过比较 NSGA-III-EoD 和 NSGA-III 来回答 RQ3。实验结果如表 4-11、表 4-12和表 4-13所示。表中数据表明，NSGA-III-EoD 在所有问题的所有实例上，其性能均优于或至少等同于 NSGA-III。因此，RQ3 的答案非常明确，即 EoD 也能改善除 MOEA/D 之外的基于分解的算法。

表 4-11   NSGA-III-EoD 和 NSGA-III 求解 MOKP 问题的 HV 均值

	NSGA-III-EoD	NSGA-III
2-500	$7.775E-01$	$7.838E-01‡$
4-500	$1.899E-01$	$1.595E-01•$
6-500	$4.258E-02$	$2.472E-02•$
8-500	$1.536E-02$	$1.047E-02•$
10-500	$6.608E-03$	$5.054E-03•$

表 4-12   NSGA-III-EoD 和 NSGA-III 求解 mUBQP 问题的 HV 均值

n	ρ	$m=2$		$m=3$	
		NSGA-III-EoD	NSGA-III	NSGA-III-EoD	NSGA-III
1000	-0.5	$6.500E-01$	$5.950E-01•$	$2.458E-01$	$2.406E-01•$
1000	-0.2	$6.301E-01$	$5.215E-01•$	$3.895E-01$	$3.103E-01•$
1000	0.0	$6.238E-01$	$4.543E-01•$	$4.104E-01$	$2.601E-01•$
1000	$+0.2$	$6.132E-01$	$3.594E-01•$	$3.873E-01$	$1.620E-01•$
1000	$+0.5$	$4.836E-01$	$1.011E-01•$	$1.444E-01$	$6.500E-06•$
2000	-0.5	$5.821E-01$	$5.231E-01•$	$4.114E-01$	$4.086E-01‡$
2000	-0.2	$5.382E-01$	$4.268E-01•$	$3.915E-01$	$3.154E-01•$
2000	0.0	$5.218E-01$	$3.461E-01•$	$3.332E-01$	$1.701E-01•$
2000	$+0.2$	$3.397E-01$	$9.536E-02•$	$1.802E-01$	$2.082E-02•$
2000	$+0.5$	$1.359E-02$	$0.000E+00•$	$0.000E+00$	$0.000E+00‡$
3000	-0.5	$5.086E-01$	$4.872E-01•$	$4.273E-01$	$4.269E-01‡$
3000	-0.2	$4.474E-01$	$3.772E-01•$	$3.565E-01$	$3.012E-01•$
3000	0.0	$3.582E-01$	$2.690E-01•$	$2.654E-01$	$1.529E-01•$
3000	$+0.2$	$2.702E-01$	$1.621E-01•$	$1.052E-01$	$1.713E-02•$
3000	$+0.5$	$0.000E+00$	$0.000E+00‡$	$0.000E+00$	$0.000E+00‡$
4000	-0.5	$5.039E-01$	$5.054E-01‡$	$4.526E-01$	$4.525E-01‡$
4000	-0.2	$4.140E-01$	$3.961E-01‡$	$3.073E-01$	$2.759E-01•$
4000	0.0	$3.752E-01$	$3.520E-01•$	$2.068E-01$	$1.485E-01•$
4000	$+0.2$	$5.999E-02$	$2.780E-02•$	$2.801E-02$	$2.718E-03•$
4000	$+0.5$	$0.000E+00$	$0.000E+00‡$	$0.000E+00$	$0.000E+00‡$

表 4-13 NSGA-Ⅲ-EoD 和 NSGA-Ⅲ 求解软件产品配置问题 $(m \in \{2,3,4\})$ 的 HV 均值

FM	$m = 2$		$m = 3$		$m = 4$	
	NSGA-Ⅲ-EoD	NSGA-Ⅲ	NSGA-Ⅲ-EoD	NSGA-Ⅲ	NSGA-Ⅲ-EoD	NSGA-Ⅲ
2.6.28.6-icse11	$7.187E-01$	$7.214E-01\ddagger$	$6.147E-01$	$6.162E-01\ddagger$	$4.752E-01$	$4.757E-01\ddagger$
freebsd-icse11	$6.788E-01$	$6.096E-01\bullet$	$7.347E-01$	$7.388E-01\ddagger$	$4.338E-01$	$4.287E-01\ddagger$
uClinux-config	$6.900E-01$	$6.797E-01\bullet$	$6.163E-01$	$6.151E-01\ddagger$	$4.683E-01$	$4.646E-01\ddagger$
buildroot	$7.102E-01$	$7.062E-01\ddagger$	$6.101E-01$	$6.051E-01\bullet$	$4.679E-01$	$4.671E-01\ddagger$
freetz	$7.100E-01$	$7.080E-01\ddagger$	$5.561E-01$	$5.560E-01\ddagger$	$4.767E-01$	$4.737E-01\ddagger$
coreboot	$8.074E-01$	$7.998E-01\ddagger$	$7.275E-01$	$7.268E-01\ddagger$	$4.962E-01$	$4.952E-01\ddagger$
2.6.32-2var	$6.762E-01$	$6.876E-01\ddagger$	$5.417E-01$	$5.410E-01\ddagger$	$3.807E-01$	$3.888E-01\ddagger$
2.6.33.3-2var	$6.806E-01$	$6.708E-01\ddagger$	$5.181E-01$	$5.255E-01\ddagger$	$3.921E-01$	$3.879E-01\ddagger$

4.2.3 小结

本节是智能算法在软件工程领域的具体应用，采用基于分解的多目标进化算法求解软件产品配置问题，提出了一种增强分解型算法的更新算子，并将该算子与两个著名的分解型算法集成，提出了带约束的多目标软件产品配置问题。运用真实的软件产品线进行仿真实验，结果表明新提出的更新算子有助于改善分解型算法的性能，尤其能有效提高算法的收敛性。本节参考论文相关的资料包括：

- 论文：XIANG Yi, YANG Xiaowei, ZHOU Yuren, et al. Enhancing Decomposition-based Algorithms by Estimation of Distribution for Constrained Optimal Software Product Selection[C]. IEEE Transactions on Evolutionary Computation, DOI: 10.1109/TEVC.2019.2922419 https://ieeexplore.ieee.org/abstract/document/8735924。

- 实验数据：https://ieeexplore.ieee.org/ielx7/4235/4358751/8735924/EoD_SupplementaryMaterials.pdf?tp=&arnumber=8735924。

- 论文源程序：http://www2.scut.edu.cn/_upload/article/files/74/7c/392c47d045e3948f22ded94344af/6b01c219-6c4a-4984-87c8-d51920b662f8.zip。

第 5 章

智能算法计算时间复杂度分析的新方法

本章介绍基于平均增益模型，针对未经简化且不带有特殊限制条件的前沿连续型进化算法提出的时间复杂度估算方法。在曲面拟合技术的帮助下，此方法将统计方法引入平均增益模型中。本章还包括相关实验，以验证提出方法的正确性和有效性。由于在连续优化领域进化算法通常被称为进化策略 [144]，实验以进化策略为案例来开展。此外，本章还简要讨论了提出的方法与算法性能比较方法的异同。

5.1　研究进展简述

尽管近年来进化计算领域的仿真与应用研究硕果累累，但理论研究结果较少，其研究对象主要集中在简化后的算法，目前缺少对前沿连续型进化算法的理论分析。前沿进化算法的理论研究结果稀少的原因在于，进化算法基于比较和种群的特征以及前沿进化算法复杂的自适应策略导致理论分析难度大 [136]。其中最困难的问题之一是，如何推导与进化算法优化过程相关的随机变量的概率密度分布函数，使用统计方法通过抽样来模拟概率密度分布函数将是有效的途径。目前，例如 Wilcoxon 秩和检验等统计方法已经被应用于进化算法性能的比较 [137-139]。最近 Liu 等拓展了数学规划中常用的性能画像（Performance Profile）和数据画像（Data Profile）技术，通过分析均值和置信区间来进行进化算法的性能比较 [140]。此外，实验手段还在算法工程中被用于辅助理论研究 [141]。Jägersküpper 和

Preuss 构造了四个简化后的 CSA 衍生算法，并通过实验验证此四种衍生算法是否在性能上与原算法相近[142]。文献 [143] 进一步概述了针对 CSA 衍生算法的理论分析。尽管采用统计方法会在一定程度上弱化数学上的严谨性，但将统计实验引入理论分析方法可以避开推导概率密度分布函数的困难。现有理论工作，可以借助统计方法来分析在实际优化问题中成功应用的前沿进化算法，从而实现理论基础和实际应用的沟通桥梁。

连续型进化算法的理论研究在一定程度上落后于实际应用[145-146]。大多数理论工作简化了被研究的算法，使算法更容易分析。此外，一些研究结果还需要基于特定的限制条件，但进化算法在实际应用中未必能满足这些限制条件。因此，在实际优化问题中成功应用的连续型进化算法的计算时间有待更深入的研究。本章设计的抽样算法适用于实际应用的进化算法，该算法可以估算这类算法的计算时间。

1. 进化策略的时间估算案例

下面以标准进化策略算法求解球形函数为例，展示该估算方法的使用过程。首先遵循估算方法采样实验的步骤来收集增益的样本，图 5-1 和图 5-2分别展示了标准进化策略算法的样本点得到的平均增益关于问题维度及适应值差的散点图，以及为了更好地体现数据的特征，对平均增益的数值取以 10 为底的对数后所得到的效果图。

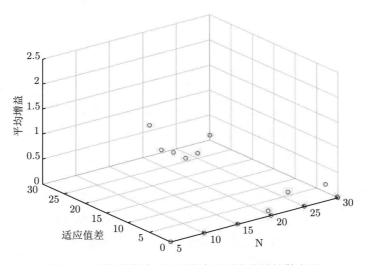

图 5-1 平均增益关于问题维度及适应值差的散点图

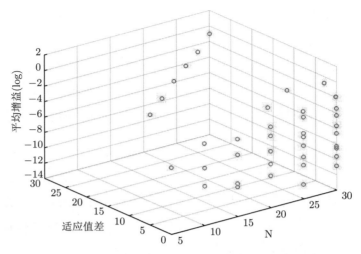

图 5-2   取对数后平均增益关于问题维度及适应值差的散点图

经过对平均增益数据点的拟合，我们得到的拟合结果如图 5-3 所示，然后根据平均增益模型定理二，可以推导出期望首达时间的上界，从而得到所估算进化策略的时间复杂度。其中图 5-3和图 5-4分别展示了取对数前后的样本点及其曲面拟合结果的图像。

$$f(v, n) = \frac{1.00 \times v}{n^{1.90}}$$

$$\mathbb{E}(T_\varepsilon | X_0) \leqslant 1.00 \times n^{1.90} \ln\left(\frac{X_0}{\varepsilon}\right) + 1$$

为了验证所提估算方法的有效性，这里还进行了进化策略求解球形函数的数值实验，收集进化策略求解不同维度的球形函数的计算时间，并与本估算方法得到的计算时间进行比较，最终实验结果如图 5-5所示。结果表明，估算所得到的上界和实际的平均首达时间相当接近，说明该估算方法在分析进化算法的计算时间上具备较高的准确率。

除上述案例之外，本节还将应用时间复杂度估算方法，估算简化后的进化策略算法和实际应用的进化策略算法的计算时间，对于尚无理论分析结果的算法，本节还将给出数值实验的结果以供比较。实验估算的对象包括理论分析案例中典型的 (1，λ) 进化策略、标准进化策略和协方差矩阵自适应进化策略及其改进版本。实验共包括 57 个案例，实验结果显示，估算得到的计算时间与数值实验结果高度一致。

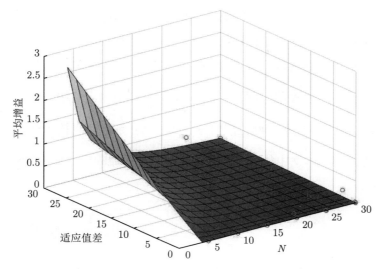

图 5-3　样本点及其曲面拟合结果图（见彩插）

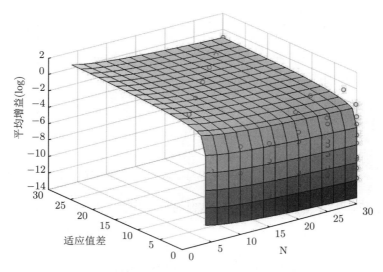

图 5-4　取对数后的样本点及其曲面拟合结果图

2. $(1, \lambda)$ 进化策略的计算时间

在本案例中，文献 [147] 中的定理三被用于验证估算得到的 $(1, \lambda)$ 进化策略的计算时间。$(1, \lambda)$ 进化策略的算法实现和参数设置均参照文献 [147]，由于文献 [147] 中采用的变异算子和自适应规则与文献 [148] 中的不同，文献 [148] 中推导的理论结果没有

用于本实验的验证。$\{2,4,6,8,10,12,14,16,18,20\}$ 被选为问题维度 n 的取值集合，针对 n 的每个取值均开展统计实验。MATLAB 提供的非线性规划求解器将被用于曲面拟合问题的求解，估算结果的系数过大或者过小，都将影响估算得到的计算时间中问题维度 n 的指数，估算结果的系数被限制在 $\left[\sqrt{\dfrac{1}{n^*}}, \sqrt{n^*}\right]$ 范围内，其中 n^* 是统计实验中问题维度的最大值。此外，如果在此范围内没有可行解，那么可以接受估算结果的系数在 $\left[\dfrac{1}{n^*}, n^*\right]$ 范围内的解。本文中的所有实验都将按照上述流程进行曲面拟合。

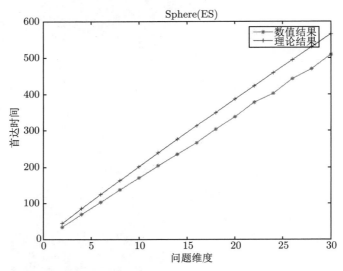

图 5-5　估算时间复杂度上界与实际平均计算时间的比较图

根据在问题维度 n 的不同取值下收集到的平均增益，拟合收集到的样本点，拟合结果如下：

$$f(v,n) = \frac{1.56 \times v}{n^{0.64}}$$

其中 v 表示适应值差，n 表示问题规模。$(1,\lambda)$ 进化策略的首达时间上界估算结果如下所示：

$$\mathbb{E}(T_\varepsilon | X_0) \leqslant 0.64 \times n^{0.64} \ln\left(\frac{X_0}{\varepsilon}\right) + 1$$

文献 [147] 中的结论表明，$(1,\lambda)$ 进化策略求解球形函数的计算时间 $\mathbb{E}(T_\varepsilon \mid X_0) \in \mathrm{O}\left(\ln\left(\dfrac{X_0}{\varepsilon}\right)\right)$，与估算结果的形式相同，证明了估算方法的有效性。

3. 协方差矩阵自适应进化策略的计算时间

由于上述讨论的 $(1,\lambda)$ 进化策略仍然属于经过简化的连续型进化算法，为了证明估算方法适用于实际应用的进化算法，本案例选择了标准进化策略和协方差矩阵自适应进化策略[149]。本案例执行了标准进化策略和协方差矩阵自适应进化策略，求解 10 个基准测试函数的时间复杂度估算实验，同时也执行了两个算法性能对比的数值实验，得到两个算法在不同案例中的平均首达时间。通过比较估算结果和数值结果，验证估算方法得到的时间复杂度是否能够有效反映算法的性能差异。时间复杂度估算实验用到的 10 个测试函数中的 8 个测试函数来自文献 [150]，另外 2 个测试函数是文献 [149] 的讨论案例，包括 Arbitrarily Orientated Hyper-Ellipsoid 函数和 Rosenbrock 函数。算法的实现参考依照文献 [149-150] 中的说明，其中问题规模 n 设为 20，种群规模设为 10，采样数量设为 100。由于文献 [149-150] 中没有设置固定的函数评估次数上限，为统一起见，函数评估次数上限统一设置为 10^5。

表 5-1展示了估算得到的进化策略和协方差矩阵自适应进化策略的时间复杂度，表 5-2 则展示了对应的数值实验结果，其中 n 代表问题维度，X_0 代表初始解的适应值差，ε 代表终止阈值。表 5-1中期望首达时间上界的比较结果是根据与数值实验相同的参数设置，即在 $n=20$、$\varepsilon=10^{-10}$ 的情况下，进化策略和协方差矩阵自适应进化策略的上界的数值大小评判的。数值实验的性能比较结果，是通过比较进化策略和协方差矩阵自适应进化策略的最优适应值或者平均评估次数确定的。由于 Parabolic Ridge 函数和 Sharp Ridge 函数的全局最小值是负无穷大，取值空间内任意点的适应值差均为正无穷大，导致无法计算增益。因此，为统一起见，选用 0 作为这两个函数的目标适应值。当估算结果中的参数被替换为数值实验设置的参数取值时，如果期望首达时间上界的实际数值不小于数值实验观测到的平均计算时间，则称估算结果是正确的。此外，当至少一个算法在限定的计算资源内达到了目标精度时，如果估算得到的上界较小的算法在数值实验中的表现也较好，则称估算结果和数值数据是一致的。当在数值实验中两个算法都没能在限定的计算资源内达到目标精度时，如果估算得到的时间复杂度也超过了迭代次数的上界，则称两者的结果是一致的。否则，称算法计算时间的估算结果和对应的数值数据不一致。

表 5-1 进化策略和协方差矩阵进化策略的时间复杂度估算结果及性能比较

适应度函数	CMA-ES		ES		比较结果（优胜者）
	时间复杂度	正确性	时间复杂度	正确性	
Cigar	$5.48 \times n^{2.38} \ln\left(\dfrac{X_0}{\varepsilon}\right) + 1$	正确	$5.48 \times n^{5.24} \ln\left(\dfrac{X_0}{\varepsilon}\right) + 1$	正确	CMA-ES
Different Powers	$3.84 \times n^{1.68} \ln\left(\dfrac{X_0}{\varepsilon}\right) + 1$	正确	$0.60 \times n^{2.62} \ln\left(\dfrac{X_0}{\varepsilon}\right) + 1$	正确	CMA-ES
Ellipsoid	$30.0 \times n^{1.34} \ln\left(\dfrac{X_0}{\varepsilon}\right) + 1$	正确	$30.0 \times n^{4.09} \ln\left(\dfrac{X_0}{\varepsilon}\right) + 1$	正确	CMA-ES
Parabolic Ridge	$5.48 \times n^{1.16} \ln\left(\dfrac{X_0}{\varepsilon}\right) + 1$	正确	$4.17 \times n^{2.00} \ln\left(\dfrac{X_0}{\varepsilon}\right) + 1$	正确	CMA-ES
Schwefel	$14.7 \times n^{0.46} \ln\left(\dfrac{X_0}{\varepsilon}\right) + 1$	正确	$0.10 \times n^{2.28} \ln\left(\dfrac{X_0}{\varepsilon}\right) + 1$	正确	CMA-ES
Sphere	$0.18 \times n^{2.13} \ln\left(\dfrac{X_0}{\varepsilon}\right) + 1$	正确	$1.00 \times n^{0.90} \ln\left(\dfrac{X_0}{\varepsilon}\right) + 1$	正确	CMA-ES
Sharp Ridge	$5.47 \times n^{8.62} \ln\left(\dfrac{X_0}{\varepsilon}\right) + 1$	正确	$11.7 \times n^{10} \ln\left(\dfrac{X_0}{\varepsilon}\right) + 1$	正确	CMA-ES
Tablet	$5.48 \times n^{3.11}\left(\dfrac{1}{\varepsilon^{0.02}} - \dfrac{1}{X_0^{0.02}}\right) + 1$	正确	Positive Infinity	正确	CMA-ES
Arbitrarilv Orientated Hyper.EIIpsoid	$5.48 \times n^{2.09} \ln\left(\dfrac{X_0}{\varepsilon}\right) + 1$	正确	$5.39 \times n^{9.87}\left(\dfrac{1}{\varepsilon^{0.06}} - \dfrac{1}{X_0^{0.06}}\right) + 1$	正确	CMA-ES
Rosenbrock	$5.48 \times n^{2.90} \ln\left(\dfrac{X_0}{\varepsilon}\right) + 1$	正确	$5.48 \times n^{5.26}\left(\dfrac{1}{\varepsilon^{0.30}} - \dfrac{1}{X_0^{0.39}}\right) + 1$	正确	CMA-ES

表 5-2 进化策略和协方差矩阵进化策略的平均函数评估次数及最优适应值

适应度函数	CMA-ES Fitness		CMA-ES Number of FEs		ES Fitness		ES Number of FEs		比较结果（优胜者）	一致性
	Mean	St.D.	Mean	St.D.	Mean	St.D.	Mean	St.D.		
Cigar	0.00E + 00	0.00E + 00	1.00E + 04	2.44E + 02	1.17E + 01	1.68E + 01	1.00E + 05	0.00E + 00	CMA-ES	一致
Different Powers	0.00E + 00	0.00E + 00	4.57E + 04	3.86E + 03	1.07E − 08	6.09E − 09	1.00E + 05	0.00E + 00	CMA-ES	一致
Ellipsoid	0.00E + 00	0.00E + 00	2.62E + 04	4.52E + 02	5.68E + 02	4.94E + 02	1.00E + 05	0.00E + 00	CMA-ES	一致
Parabolic Ridge	0.00E + 00	0.00E + 00	1.61E + 03	9.77E + 02	0.00E + 00	0.00E + 00	8.13E + 03	1.56E + 04	CMA-ES	一致
Schwefel	0.00E + 00	0.00E + 00	8.21E + 03	3.15E + 03	0.00E + 00	0.00E + 00	1.54E + 04	1.11E + 03	CMA-ES	一致
Sphere	0.00E + 00	0.00E + 00	3.48E + 03	1.26E + 02	0.00E + 00	0.00E + 00	3.38E + 03	1.64E + 02	ES	不一致
Sharp Ridge	0.00E + 00	0.00E + 00	1.23E + 04	1.46E + 04	6.85E − 01	1.48E + 00	3.24E + 04	4.61E + 04	CMA-ES	一致
Tablet	0.00E + 00	0.00E + 00	3.09E + 04	5.96E + 02	1.83E + 02	1.12E + 02	1.00E + 05	0.00E + 00	CMA-ES	一致
Arbitrarily Orientated Hyper-Ellipsold	0.00E + 00	0.00E + 00	2.66E + 04	5.24E + 02	7.69E + 01	4.82E + 01	1.00E + 05	0.00E + 00	CMA-ES	一致
Rosenbrock	0.00E + 00	0.00E + 00	2.62E + 04	1.27E + 03	1.43E + 00	1.73E + 00	1.00E + 05	0.00E + 00	CMA-ES	一致

由表 5-2可知，在求解其中 9 个基准测试函数的案例中，时间复杂度估算结果与对应的数值实验结果一致。在求解 Schwefel 函数和 Parabolic Ridge 函数的案例中，协方差矩阵自适应进化策略的期望首达时间上界小于进化策略的时间复杂度上界，同时前者的函数评估次数比后者少。在求解 Cigar、Different Powers、Ellipsoid 等 7 个函数的案例中，进化策略在函数评估次数上限内求得的最优解差于协方差矩阵自适应进化策略求得的最优解，并且前者的时间复杂度上限大于后者。

4. 改进版协方差矩阵自适应进化策略的计算时间

为了进一步证明估算方法适用于前沿的进化策略算法，本案例选择了改进后的协方差矩阵自适应进化策略算法进行对比[151-152]，分别记为 CMAES-1 和 CMAES-2。本案例执行了改进协方差矩阵自适应进化策略，对 18 个基准测试函数的时间复杂度进行估算实验，同时也执行了两个算法性能对比的数值实验。本节通过比较估算结果和数值实验数据，验证估算方法得到的时间复杂度是否能够有效地反映算法的性能差异。估算实验用到的 18 个测试函数来自文献 [153]，因为部分基准测试函数的全局最小值并不稳定，可能随问题维度等因素的变化而变化，所以本节的实验从文献 [153] 的附录中选择了全局最小值为 0 且函数表达式固定的基准测试函数。算法的参数设置如下：终止阈值 $\varepsilon = 10^{-10}$，问题规模 $n = 50$，父代的种群规模设为 12，子代的种群规模设为 6，采样数量为 100，且最大迭代次数设为 5×10^4。针对每个基准测试函数，数值实验重复 50 次。此外，CMAES-1 和 CMAES-2 的初始种群始终保持一致。

表 5-3展示了估算得到的两种协方差矩阵自适应进化策略的时间复杂度，表 5-4则给出了对应的数值实验结果。表 5-3 中的比较结果是根据在 $n = 50$、$\varepsilon = 10^{-10}$ 的情况下估算得到的两种协方差矩阵自适应进化策略的期望首达时间上界的大小确定的，而数值实验的性能比较标准则与前面陈述的标准相同。

表 5-3 和表 5-4 显示，其中 16 个基准测试函数对应的估算结果与数值实验数据相符，而其余两组估算结果与实验数据不一致。另外，当算法求解 Tablet 等 6 个基准测试函数时，算法取得的最小适应值差对应的平均增益在一个或多个问题维度上出现等于 0 的情况。这类情况表明算法陷入了局部最优解，即算法不能在有限的计算时间内求得

表 5-3　改进协方差矩阵进化策略的时间复杂度估算结果及性能比较

适应度函数	CMA-ES-1 时间复杂度	CMA-ES-1 正确性	CMA-ES-2 时间复杂度	CMA-ES-2 正确性	比较结果（优胜者）
Ackley	$5.46 \times n^{1.18} \ln\left(\dfrac{X_0}{\varepsilon}\right) + 1$	正确	$4.35 \times n^{1.29} \ln\left(\dfrac{X_0}{\varepsilon}\right) + 1$	正确	CMA-ES-1
Griewank	$30.0 \times n^{2.82} \ln\left(\dfrac{X_0}{\varepsilon}\right) + 1$	正确	$30.0 \times n^{3.15} \ln\left(\dfrac{X_0}{\varepsilon}\right) + 1$	正确	CMA-ES-1
Dixon Price	正无穷大	正确	正无穷大	正确	—
Sphere	$2.23 \times n^{1.25} \ln\left(\dfrac{X_0}{\varepsilon}\right) + 1$	正确	$2.77 \times n^{0.87} \ln\left(\dfrac{X_0}{\varepsilon}\right) + 1$	正确	CMA-ES-2
Schwefel	$5.21 \times n^{2.21} \ln\left(\dfrac{X_0}{\varepsilon}\right) + 1$	正确	$5.48 \times n^{3.39} \left(\dfrac{1}{\varepsilon^{0.01}} - \dfrac{1}{X_0^{0.01}}\right) + 1$	正确	CMA-ES-1
Rosenbrock	$5.48 \times n^{3.24} \ln\left(\dfrac{X_0}{\varepsilon}\right) + 1$	正确	$30.0 \times n^{5.09} \ln\left(\dfrac{X_0}{\varepsilon}\right) + 1$	正确	CMA-ES-1
Hyper-Ellipsoid	$0.99 \times n^{1.72} \ln\left(\dfrac{X_0}{\varepsilon}\right) + 1$	正确	$0.51 \times n^{2.04} \ln\left(\dfrac{X_0}{\varepsilon}\right) + 1$	正确	CMA-ES-1
Quadric	$1.03 \times n^{2.51} \ln\left(\dfrac{X_0}{\varepsilon}\right) + 1$	正确	$5.48 \times n^{3.40} \left(\dfrac{1}{\varepsilon^{0.01}} - \dfrac{1}{X_0^{0.01}}\right) + 1$	正确	CMA-ES-1
Absolute Value	$0.54 \times n^{1.83} \ln\left(\dfrac{X_0}{\varepsilon}\right) + 1$	正确	$1.37 \times n^{1.68} \ln\left(\dfrac{X_0}{\varepsilon}\right) + 1$	正确	CMA-ES-1
Ellipsoid	$5.48 \times n^{3.79} \left(\dfrac{1}{\varepsilon^{0.01}} - \dfrac{1}{X_0^{0.01}}\right) + 1$	正确	$5.48 \times n^{4.12} \left(\dfrac{1}{\varepsilon^{0.02}} - \dfrac{1}{X_0^{0.02}}\right) + 1$	正确	CMA-ES-1
Quartic	$0.29 \times n^{1.75} \ln\left(\dfrac{X_0}{\varepsilon}\right) + 1$	正确	$5.48 \times n^{1.10} \ln\left(\dfrac{X_0}{\varepsilon}\right) + 1$	正确	CMA-ES-1
Rastrigin	正无穷大	正确	正无穷大	正确	—
Schwefel 2.22	$5.48 \times n^{1.43} \ln\left(\dfrac{X_0}{\varepsilon}\right) + 1$	正确	$0.09 \times n^{2.28} \ln\left(\dfrac{X_0}{\varepsilon}\right) + 1$	正确	CMA-ES-2
Step	$8.80 \times n^{0.43} \ln\left(\dfrac{X_0}{\varepsilon}\right) + 1$	正确	$5.48 \times n^{1.29} \ln\left(\dfrac{X_0}{\varepsilon}\right) + 1$	正确	CMA-ES-1
Schwefel 2.21	$0.18 \times n^{2.91} \ln\left(\dfrac{X_0}{\varepsilon}\right) + 1$	正确	$2.58 \times n^{1.49} \ln\left(\dfrac{X_0}{\varepsilon}\right) + 1$	正确	CMA-ES-2
Salomon	正无穷大	正确	正无穷大	正确	—
Schaffer6	正无穷大	正确	正无穷大	正确	—
Weierstrass	正无穷大	正确	正无穷大	正确	—

表 5-4　改进协方差矩阵进化策略的平均函数评估次数及最优适应值

适应度函数	CMA-ES-1				CMA-ES-2				比较结果（优胜者）	一致性
	Fitness		Number of FEs		Fitness		Number of FEs			
	Mean	St.D.	Mean	St.D.	Mean	St.D.	Mean	St.D.		
Ackley	0.00E+00	0.00E+00	1.34E+04	2.82E+03	2.05E−02	1.45E−01	1.40E+04	5.21E+03	CMA-ES-1	一致
Griewank	1.87E−03	4.55E−03	1.76E+04	1.43E+04	2.07E−03	4.06E−03	2.02E+04	1.60E+04	CMA-ES-1	一致
Dixon Price	6.67E−01	2.39E−16	5.00E+04	0.00E+00	6.67E−01	3.44E−16	5.00E+04	0.00E+00	CMA-ES-1	一致
Sphere	0.00E+00	0.00E+00	6.81E+03	1.50E+02	0.00E+00	0.00E+00	6.74E+03	1.46E+02	CMA-ES-2	一致
Schwefel 1.2	0.00E+00	0.00E+00	3.25E+04	5.87E+02	1.45E−09	2.22E−09	5.00E+04	6.40E+01	CMA-ES-1	一致
Rosenbrock	3.16E+01	1.86E+01	5.00E+04	0.00E+00	3.96E+01	2.72E+01	5.00E+04	0.00E+00	CMA-ES-1	一致
Hyper-Ellipsoid	0.00E+00	0.00E+00	1.18E+04	3.51E+02	0.00E+00	0.00E+00	1.19E+04	3.80E+02	CMA-ES-1	一致
Quadric	0.00E+00	0.00E+00	3.24E+04	4.61E+02	1.73E−09	3.14E−09	5.00E+04	1.78E+02	CMA-ES-1	一致
Absolute Value	1.14E−06	6.74E−06	2.91E+04	1.44E+04	6.13E−03	2.10E−02	3.41E+04	1.55E+04	CMA-ES-1	一致
Ellipsoid	8.31E+03	3.04E+03	5.00E+04	0.00E+00	4.56E+04	1.68E+04	5.00E+04	0.00E+00	CMA-ES-1	一致
Quartic	0.00E+00	0.00E+00	4.31E+03	1.49E+02	0.00E+00	0.00E+00	4.18E+03	1.57E+02	CMA-ES-2	不一致
Rastrigin	1.29E+02	2.77E+01	5.00E+04	0.00E+00	1.31E+02	2.26E+01	5.00E+04	0.00E+00	CMA-ES-1	一致
Schwefel 2.22	4.12E−06	2.87E−05	3.16E+04	1.46E+04	2.84E−04	1.20E−03	3.57E+04	1.62E+04	CMA-ES-1	不一致
Step	0.00E+00	0.00E+00	4.56E+03	2.06E+02	1.18E+00	1.21E+00	3.50E+04	2.21E+04	CMA-ES-1	一致
Schwefel 2.21	8.60E+01	3.51E+01	5.00E+04	0.00E+00	1.45E−06	4.06E−06	5.00E+04	0.00E+00	CMA-ES-2	一致
Salomon	1.86E+00	2.34E−01	5.00E+04	0.00E+00	2.12E+00	3.48E−01	5.00E+04	0.00E+00	CMA-ES-1	一致
Schaffer 6	2.35E+01	3.74E−01	5.00E+04	0.00E+00	2.19E+01	6.88E−01	5.00E+04	0.00E+00	CMA-ES-2	一致
Weierstrass	5.29E+00	1.34E+00	5.00E+04	0.00E+00	5.94E+00	1.53E+00	5.00E+04	0.00E+00	CMA-ES-1	一致

全局最优解。因此，在表 5-3 中，这类情况对应的期望首达时间上界为正无穷大。

以上实验均采用了采样间隙的选取方法，使用平均拟合误差作为选择最优采样间隙的评判标准。但是，我们在应用估算方法的过程中发现，在一些待研究算法能够在较少的迭代次数内达到目标精度的情况下，过大的采样间隙会导致估算结果不准确。例如，在 CMAES-1 求解 Hyper-Ellipsoid 问题中，如果采样间隔设为 800，那么拟合的结果是 $f(v, n) = \dfrac{v}{1.17 \times n^{0.60}}$。当 $n = 50$ 时，估算得到的期望首达时间上界是 4.03E+02。然而，数值实验的结果显示，在同样的参数设置下，CMAES-1 求解 Hyper-Ellipsoid 问题的平均首达时间是 9.83E+02，此值大于 4.03E+02。因此，抽样间隔为 800 时估算得到的时间复杂度是错误的，引起错误的原因是当总迭代次数较小而采样间隙却较大时，采集到的样本点数量将很小，过少量的样本点可能无法完整地反映平均增益的变化规律。选取样本点数量 30 作为最小样本数量的临界值，即在样本点数量低于 30 的情况下，估算得到的时间复杂度上界不被采用。实验结果显示，使用 30 作为最小样本点数量后，所有的估算结果都是正确的。

5.2　科学原理

5.2.1　问题描述

近年来，进化算法的计算时间得到研究人员的广泛关注。计算时间的研究结果有助于人们加深对进化算法的理解、评估算法的效率，以及指导研究人员改进算法。作为常用于衡量进化算法计算时间的一项指标，首达时间是指进化算法首次取得全局最优解所使用的迭代次数 [154]。而期望首达时间，进化算法在取得全局最优解的过程中经历的平均迭代次数，则反映了进化算法的平均时间复杂度 [155]。因此，期望首达时间是计算时间分析的重要概念。

在过去的十年里，进化计算领域的计算时间分析取得了显著的进步。尽管已有许多针对离散型进化算法的研究 [156-158]，但是在实际优化问题中却很少分析成功应用的连续型进化算法的计算时间，例如进化策略。由于大量的实际应用问题是连续的，连续型进化算法的计算时间具有重要的研究意义。因此，本节将讨论连续型进化算法的期望首达时间。

在近十年间，不少研究人员以案例分析的方式展开对连续型进化算法的计算时间分析，其中不乏重要的发现。例如，Jägersküpper 分析了带高斯变异的 (1+1) 进化策略求解球形函数的运行时 [159]，并进一步推导了 (1+1) 进化策略求解单模态优化问题的渐进计算时间 [160]。Beyer 等研究了带 σ 自适应机制 (σSA) 的多重组进化策略针对正定二次型 (PDQF) 特定子集的求解过程 [161]。之后，研究函数的范围被拓展到通用的正定二次型 [162]。最近 Jiang 等针对 (1+1) 进化策略求解球形函数的情况推导出了更紧的计算时间下界 [146]。由于以上研究主要讨论简化之后的连续型进化算法，当前仍然缺少针对实际应用的连续型进化算法计算时间的研究结果。

到目前为止，已有研究学者提出一些理论研究方法，作为探究进化算法计算时间的通用分析工具，其中包括适应值层次法 [157,163-165]、漂移分析 [154,166-170]、转换分析法 [171-172] 等。

在适应值层次法中，进化算法的计算时间被看作一组等待时间的总和，其中每段等待时间代表在特定层次中消耗的迭代次数。适应值层次法最初由 Wegener 等提出 [163]。初期的方法要求不可以跳过任意一个层次，而 Sudholt 成功放宽了此限制，并将研究函数的范围拓展到所有的单模态函数 [157]。Zhou 等将尾部边界引入适应值层次法中 [164]。此外，Witt 去除了适应值层次法的部分约束条件，并估算了随机局部搜索算法求解 OneMax 问题的计算时间复杂度 [165]。以上研究工作分析的是抽象的方法框架或者简化后的算法，包括随机局部搜索算法、(1+1) 进化算法、(μ+1) 进化算法、二进制粒子群算法等，而且部分结论需要基于对实际应用中较少出现的条件的假设，例如算法仅能采用比特翻转变异算子 [157]。适应值层次法已被用于许多离散型目标空间与决策空间的案例分析，不过目前针对连续型进化算法的研究结果仍然较少。

除了适应值层次法之外，还有一种常用的分析方法——漂移分析法。漂移分析法是针对进化算法平均时间复杂度的通用理论，最初由 He 和 Yao 提出 [166]，之后众多科研工作者对它进行了扩展、改进和完善，获得了丰硕的研究成果。Jägersküpper 融合了漂移分析和马尔可夫链分析 [167]。Chen 和 He 在漂移分析中加入接管时间的概念，讨论了 (N+N)EA 求解 OneMax 和 LeadingOnes 问题的时间复杂度，不过 (N+N)EA 并不像实际应用的进化算法一样采用重组算子 [168]。为了简化烦琐而复杂的计算，Oliveto 和 Witt 展示了如何用更简单和清晰的方式完成此前的推导，并且分析了 (1+1)EA 求解 Needle-in-a-haystack 函数的案例 [170]。除了求得平均首达时间的边界之外，Lehre 和 Witt 还运用可变漂移分析方法推导了首达时间的分布 [169]。He 和 Yao 严格地分析了种群规模对使用变异算子和精英机制的进化算法的计算时间的影响 [154]。作为一种影响深远的分析方法，漂移分析法已被证实为进化算法计算时间分析的强有力工具。从理论上讲，漂移分析适用于离散优化和连续优化的情形；然而，因为后者的目标空间是连续的或者由大量连续子空间构成，所以，漂移分析应用于连续型进化算法的理论结果并不多见 [173]。

与上述两种分析方法不同，转换分析法并不直接分析待研究的进化算法，而是以另一种已经被充分讨论的进化算法作为参考对象展开讨论。Yu 等首先提出转换分析法，并且证明了适应值层次法和漂移分析法都可以规约到转换分析法 [171]。Yu 和 Qian 进一步证明了基于收敛性的分析方法也可以规约到转换分析法，并且证明在 (1+1)EA 求解 Trap 问题的案例中转换分析法可以求得更紧的下界 [172]。转换分析法目前讨论的主要是离散型进化算法，而连续型进化算法的相关理论结果相对较少。

为分析连续型进化算法的计算时间，笔者等人在漂移分析思想的启发下提出了平均增益模型，并估算了 (1+1)EA 在球形函数问题上的平均计算时间 [174]，之后 Zhang 等通过引入上鞅和停时的概念拓展了平均增益模型 [147]，文献 [147, 174] 所述平均增益模型的概念和定理是本节介绍的估算方法的理论基础。

5.2.2　问题建模

本节的研究对象是连续型进化算法，解决以下单目标全局优化问题：

$$\min f(x)$$

$$\text{s.t. } x \in M \subseteq \mathbb{R}^n$$

其中目标函数 $f(x)$ 是从搜索空间 M 到实数空间 $\mathbb{R}$ 的映射, n 是问题的维度。令 p_{opt} 表示全局最优解, $P_t = \{p_1{}^{(t)}, p_2{}^{(t)}, \cdots, p_\lambda{}^{(t)}\}$ 表示第 t 次迭代的子代种群, 其中 λ 是种群的规模。

定义 5.1 令 p 表示解空间内的某个解, f' 表示目标达到的适应值, 则称 $d(p) = \max\{0, f(p) - f'\}$ 为 p 的适应值差。

令 $\delta(P_t)$ 表示第 t 代种群的最小适应值差, 即 $\delta(P_t) = \min(d(p_k{}^{(t)}))$, 其中 $k = 1, 2, \cdots, \lambda$。令 φ_t 表示在前 t 次迭代中取得的最小适应值差, 即 $\varphi_t = \min(\delta(P_i))$, 其中 $i = 0, 1, 2, \cdots, t$。

可以将进化算法对目标函数的优化看作是赌博的过程, 因为产生子代的过程具有随机性, 同一个种群有可能产生许多不同的子代, 对应取得或正或负的增益。由于具有随机性, 进化算法的优化过程可以被建模为随机过程。令 (Ω, F, P) 表示一个概率空间, 令 $\{s_t\}_0^\infty$ 表示在 (Ω, F, P) 内的一个随机过程, 并且 $F_t = \sigma(s_0, s_1, \cdots, s_t)$ 表示一个非降的 σ-代数簇。

定义 5.2 在第 t 次迭代中, 增益的定义如下:

$$g_t = \varphi_t - \varphi_{t+1}$$

令 $H_t = \sigma(\varphi_0, \varphi_1, \cdots, \varphi_t)$, 则第 t 次迭代的平均增益:

$$\mathbb{E}(g_t | H_t) = \mathbb{E}(\varphi_t - \varphi_{t+1} | H_t)$$

增益是父代与子代的最优适应值之差。与质量增益相似, 增益可以被看作进化算法在单次迭代过程中函数值上取得的进展[147]。增益越大, 与最优解的距离缩小得越快, 优化过程越高效。值得注意的是, φ_t 代表的是连续型进化算法在前 t 次迭代而不是第 t 次迭代取得的最优适应值差, 目的是使估算方法适用于一些非精英进化算法, 在下面的实验部分将看到相关的案例。

定义 5.3 假设 $\{\varphi_t\}_0^\infty$ 是一个随机过程, 且对任意的 $t \geqslant 0$, 有 $\varphi_t \geqslant 0$。给定目标阈值 $\varepsilon > 0$, 则进化算法的首达时间可以定义为:

$$T_\varepsilon = \min\{t \mid \varphi_t \leqslant \varepsilon\}$$

特别地，

$$T_0 = \min\{t \mid \varphi_t = 0\}$$

此外，进化算法的期望首达时间可定义为 $\mathbb{E}(T_\varepsilon)$。

期望首达时间代表了进化算法取得最优解所需要的最小迭代次数的期望。

5.2.3　理论分析

平均增益模型是针对连续性进化算法计算时间分析的理论工具 [147,174]。然而，文献 [174] 中的平均增益模型是围绕连续性 (1+1)EA 的具体案例提出的，因此，具有一定的局限性，且不适用于实际应用中的连续型进化算法。Zhang 等引入停时和鞅论，将平均增益模型从与特定的算法以及目标函数的结合中抽离，使模型具有更强的严谨性和通用性 [147]。不过，由于在文献 [147] 中作者从较为抽象的角度分析进化算法的计算时间，为了方便下文针对连续型进化算法首达时间的讨论，需要细化其中的部分内容，因此，本节将重新论述平均增益模型。连续型进化算法的基本框架以伪代码的形式呈现在算法 1 中 [175]。下面给出文献 [147] 中证明的引理，该引理将用于辅助定理一的证明。

引理 5.1　假设 $\{\eta_t\}_0^\infty$ 是一个随机过程，且对任意 $t \geqslant 0$，$\eta_t \geqslant 0$。令 $T_0^\eta = \min\{t \mid \eta_t = 0\}$，假设 $\mathbb{E}(T_0^\eta) < +\infty$，如果存在 $\alpha > 0 \in \mathbb{R}$，对于任意的 $t \geqslant 0$，满足 $\mathbb{E}(\eta_t - \eta_{t+1} \mid H_t) \geqslant \alpha$，那么 $\mathbb{E}(T_0^\eta \mid \eta_0) \leqslant \frac{\eta_0}{\alpha}$。

为能够使用估算方法中设计的曲面拟合表达式，文献 [147] 的定理二有一处需要改动。此前函数 $h(x)$ 的值域是闭区间，这里将改为半开半闭区间。下面将重新论述该定理。

定理 5.1　假设 $\{\varphi_t\}_0^\infty$ 是一个随机过程，且对任意的 $t \geqslant 0$，有 $\varphi_t \geqslant 0$。令 $h : (0, \varphi_0] \to \mathbb{R}^+$ 是一个单调递增的连续函数。如果当 $\varphi_0 > \varepsilon > 0$ 时，有 $\mathbb{E}(\varphi_t - \varphi_{t+1} \mid H_t) \geqslant h(\varphi_t)$，那么

$$\mathbb{E}(T_\varepsilon \mid \varphi_0) \leqslant 1 + \int_\varepsilon^{\varphi_0} \frac{1}{h(x)} \mathrm{d}x$$

定理 5.1 将为下面提出的估算方法中，使用平均增益数据推导计算时间复杂度提供支持。可以将 $\{\varphi_t\}^\infty$ 看作连续型进化算法求解过程中逐渐变小的历史最优适应值差组成的序列。估算方法将利用统计实验得到 $\mathbb{E}(\varphi_t - \varphi_{t+1}|H_t)$ 的估计值，即平均增益的

估计, 之后通过曲面拟合技术得到函数 $h(\varphi_t)$, 进而运用定理 5.1 推导出期望首达时间 $\mathbb{E}(T_\varepsilon \mid \varphi_0)$ 的上界以及算法的时间复杂度。估算方法的理论依据和具体的实施步骤将在下一节进行详细介绍。

5.2.4 算法设计

图 5-6展示了估算连续型进化算法计算时间的整体流程, 并且用实线表示基于平均增益模型的纯数学推导过程。本节介绍的估算方法用统计实验辅助的两个新步骤替换了数学推导过程的前两个步骤, 相关的内容在图 5-6 中用虚线标出。

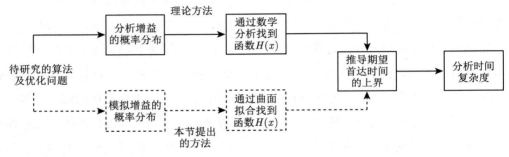

图 5-6 估算方法流程图

在简述估算方法的整体流程之前, 需要确定待研究的进化算法以及适应值函数。估算方法的第一步是通过统计实验收集平均增益关于适应值差的数据。在统计实验中, 由实验数据得到的增益的经验分布函数将被用来模拟增益的概率密度分布函数, 从而计算出平均增益。之后, 统计实验收集到的数据将借助曲面拟合技术转换为满足定理 5.1 前提条件的函数 $h(\varphi_t)$。

基于曲面拟合的结果, 定理 5.1 将被用于计算被研究的进化算法的期望首达时间的上界, 进而分析计算时间复杂度。值得注意的是, 这两个步骤与常用的数学推导方法并无不同。本节介绍的估算方法与现有分析方法的主要区别在于估算方法用统计实验和曲面拟合替换了部分烦琐的计算, 从而减小了分析的难度。

下面将详细介绍连续型进化算法时间复杂度估算方法的实验。图 5-7展示了统计实验的主要步骤。

首先，需要选出一个待讨论参数的取值集合。例如，$\{5, 10, 15, 20, 25, 30\}$ 可以选作问题维度 n 的取值集合。在完成初始参数设置之后，其他参数的取值在整个实验过程中将保持不变。

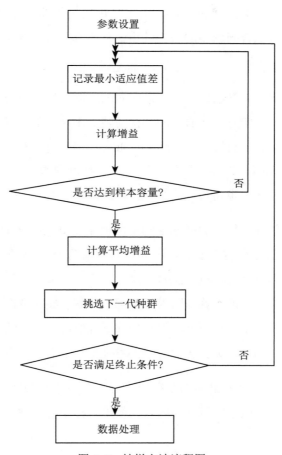

图 5-7　抽样方法流程图

然后，在进化算法的优化过程中，增益的样本将被独立收集并汇总。在子代种群产生之前，记录当前找到的最优适应值差，在子代种群产生之后，记录包括子代在内的最优适应值差，将两者求差值从而计算出增益。与算法 1 中每次迭代仅产生一个子代种群不同的是，实验方法将独立产生多个子代种群，收集一定数量的增益，并计算增益的均值从而得到平均增益。不失随机性，实验方法将从重复产生的多个子代种群中任选一个作为下一次迭代的父代种群，如此循环，直到进化算法求得最优解或者达到函数评估次数上限。

值得注意的是，增益的样本是通过间隔抽取而不是在每次迭代中抽取的，原因在于间隔抽样可以减少计算消耗。不仅如此，由于在每次迭代都采样会得到大量的样本点，因此每个样本点都对应拟合问题中的一个约束，太多的样本点将导致曲面拟合任务变得十分困难。

为了减少计算成本，需要选择恰当的采样间隙。由于在不同的场景下算法取得最优解所需的迭代次数不同，使用一个通用的采样间隙是不现实的。因此，估算方法将采用一个采样间隙的取值集合，例如 $\{50, 100, 200, 400, 800\}$。对于每个采样间隙的取值，都会有对应的拟合结果和拟合误差。用拟合误差除以样本点数量，计算出平均拟合误差，平均拟合误差最小的采样间隙将被选为最优采样间隙。

在两种情况下，部分采集到的样本点的平均增益为 0。第一种情况：该样本点的适应值差并不是收集到的最小适应值差，因为平均增益为 0 意味着算法不能取得更小的适应值差，所以该样本点是离群点，需要被移除。第二种情况：该样本点的适应值差正是收集到的最小适应值差，说明算法陷入了局部最优解。在此情况下，不需要进行曲面拟合以及进一步的推导，原因是当算法困于局部最优解时，该算法将无法到达全局最优点。因此，平均首达时间是正无穷大，并且不存在对应的计算时间上界。

在连续型进化算法的基本框架的基础上，时间复杂度估算方法加入了上述采样步骤。估算方法基本未改动原进行算法的内容，如果去掉采样步骤，仍然是可执行的连续型进化算法。

5.2.5 实验分析——增益概率密度分布函数的模拟

定理 5.1 中 $\mathbb{E}(\varphi_t - \varphi_{t+1}|H_t)$ 的精确估算是估算方法的关键步骤，其中 $\{\varphi_t\}_0^\infty$ 表示一个离散非负的随机过程。本节将根据格里文科定理提出一个估算 $\mathbb{E}(\varphi_t - \varphi_{t+1}|H_t)$ 的统计方法。基于格里文科定理，随着样本数量的增加，经验分布函数会逐渐逼近真正的概率密度分布函数[176]。下面简要介绍格里文科定理。

令 K 表示样本容量，$X_1, X_2, \cdots, X_K$ 表示收集到的样本，其中 $X_1 \leqslant X_2 \leqslant \cdots \leqslant X_K$。假设 $\varphi_t - \varphi_{t+1}|H_t \sim F(x)$，其中 $x = \varphi_t - \varphi_{t+1}$。$F_K(x)$ 是在 H_t 的基础上通过统计实验模拟得到的经验分布函数，当 K 足够大时，可以用 $F_K(x)$ 来估计 $F(x)$。$F_K(x)$ 的公式如下所示。

$$F_K(x) = \begin{cases} 0 & x < X_1 \\ \dfrac{i}{K} & X_i \leqslant x < X_{i+1}, i = 1, \cdots, K-1 \\ 1 & x \geqslant X_K \end{cases}$$

格里文科定理证明了当 K 足够大时，$\mathbb{E}(\varphi_t - \varphi_{t+1}|H_t) \approx \mathbb{E}(X_1, X_2, \cdots, X_K)$，即 $\varphi_t - \varphi_{t+1}$ 的期望约等于样本 $X_1, X_2, \cdots, X_K$ 的平均值。因此，在统计实验中选择恰当的样本容量后，可以用增益的均值来估计平均增益。

5.2.6　实验分析——平均增益曲面的拟合

本小节将论述曲面拟合的目的、约束、数学表达式和方法。曲线和曲面拟合技术已经在科学研究和工程设计的多个方面获得了广泛应用，包括表面化学 [177]、基因组分析 [178]、核力场 [179] 等。要想将实验方法引入分析模型中，需要解决如何把实验数据转换为可供进一步推导的数学表达式的问题。曲面拟合方法正好能解决此问题，因为曲面拟合方法可通过使用数学工具由分散的数据点重构出连续的曲面 [180]。

在收集到增益的均值数据之后，应用定理 5.1 推导时间复杂度的关键在于找到合适的函数 $h(\varphi_t)$。为解决此问题，估算方法引入了曲面拟合技术，通过拟合增益的均值关于适应值差及问题维度的三维曲面找到符合条件的函数 $h(\varphi_t)$。

这里选择了曲面拟合技术而不是曲线拟合技术。因为曲线拟合得到的函数只能反映平均增益与适应值差的关系，运用定理 5.1 推导出的时间复杂度只会与初始种群的最小适应值差以及终止阈值有关。然而，大多数研究人员更关注时间复杂度与问题维度 n、变异概率 u、子代数量 λ 等参数之间的关系，尤其是问题维度 n。因此，需要使用曲面拟合得到平均增益关于适应值差及问题维度的函数 $f(\varphi_t, n)$。当问题维度取特定值 n_i 时，$f(\varphi_t, n_i)$ 可被看作符合定理 5.1 前提条件的 $h(x)$，即在应用定理 5.1 时可将问题维

度 n 看作已知的参数，从而推导出的结果可以反映时间复杂度与问题维度之间的关系。

与常见的曲面拟合情况不同的是，本方法需要解决带有约束条件的曲面拟合问题。在常见的无约束情况下，数据点通常较为均匀地分布在拟合曲面的两侧。但是由于定理 5.1 的前提条件要求 $\mathbb{E}(\varphi_t - \varphi_{t+1} \mid H_t) \geqslant h(\varphi_t)$，相同适应值差及问题维度对应的函数值 $h(\varphi_t)$ 必须小于增益的均值，即拟合出的曲面必须完全在样本点的下侧。

这里关注的重点是连续型进化算法计算时间的估算方法，不需要对拟合技术做过于深入的研究，因此估算方法采用了最小二乘法 [180]，而没有使用更加复杂的拟合方法，例如移动最小二乘法 [181-182]。要想应用定理 5.1 分析计算时间，需要求得能够反映平均增益与适应值差以及问题维度关系的函数，因此，函数表达式的设计尤为重要。尽管多项式函数在曲面拟合领域得到了广泛的应用 [183-184]，由于多项式函数中所有项的指数均为正数，无法直接反映应变量与自变量之间的负相关关系，因此估算方法中没有使用多项式函数来拟合平均增益曲面。通过观察实验数据中平均增益的性质，下面将为估算方法设计一个拟合函数表达式。

函数 $f(\varphi_t, n_i)$ 反映了平均增益与适应值差以及问题维度之间的映射关系。一个直观的想法是平均增益与适应值差呈正相关关系，与问题维度呈负相关关系。观察连续型 $(1,\lambda)$ ES 算法求解球形问题的平均增益数据，发现确实存在部分情况符合此假设。基于上面的猜想和观察，设计用于曲面拟合的解析式如下：

$$f(v, n) = \frac{a \times v^b}{c \times n^d}, \ a, c, d > 0, \ b \geqslant 1 \tag{5-1}$$

其中，v 表示最小适应值差，n 表示问题维度。尽管上述函数表达式较为简单，但作为初步的尝试，此函数表达式将被用于下面的估算实验中。值得注意的是，对于任意的 $n_i > 0$，如果 $v = 0$，那么 $h(0) = f(0, n_i) = 0$。这并不符合文献 [147] 定理二中要求在区间 $[0, \varphi_0]$ 内 $h(\varphi_t) > 0$ 的前提条件，因此本节修改了文献 [147] 的定理二。

在选择拟合解析式之后，需要确定解析式中参数的值，例如 $f(v, n)$ 中的 a、b、c、d。本节的曲面拟合问题属于带约束的曲面拟合问题，可以将之建模为带约束的非线性规划问题来求解。此问题建模如下：给定数对集 $(n_i, v_i, z_i), i = 1, 2, \cdots, m$，记误差函

数为 $D(f)$, 解决以下问题:

$$\min_{f(x)} D(f)$$

$$\text{s.t. } f(v_i, n_i) \leqslant z_i,\ i = 1, 2, \cdots, m$$

其中, n 表示问题维度, v 表示最小适应值差, z 表示平均增益。误差函数 $D(f)$ 用于衡量拟合结果与实际值的偏差。为了使拟合曲面尽可能地接近数据点, 需要最小化拟合误差。

$$D(f) = \sum_{i=1}^{m} (\lg(z_i) - \lg(f(v_i, n_i)))^2 \tag{5-2}$$

在估算方法中, 普遍使用的最小二乘法将被稍微地修改, 将误差函数改为每对最小适应值差相等的数据点与拟合点的平均增益的差值的平方和, 如式 (5-2) 所示。修改的原因是, 数据点的平均增益取值跨度可能覆盖 $10^{-10} \sim 10^{30}$ 量级, 如果采用最小二乘法原先的直接做差求平方和的方法, 那么不同的数据点对拟合结果的影响会明显不平衡。而对平均增益取对数之后, 误差函数可以更好地兼顾带有数量级差距的样本点。

5.3 本章小结

本章介绍了应用理论工具分析连续型进化算法的计算时间的方法, 适用的范围覆盖了实际应用的进化算法。首先, 统计方法被引入平均增益模型中, 通过采集样本的方式估计增益的概率密度分布函数。接着, 曲面拟合技术被用于将统计方法采集到的样本转换为数学表达式, 并以数学推导的形式进一步估算出期望首达时间。本章提出的方法并不依赖于特定的条件, 且不需要对被研究的算法或者优化问题进行简化处理。进化算法时间复杂度估算实验方法的相关论文 [190] 可在智能算法实验室的官网 (http://www2.scut.edu.cn/huanghan/main.htm) 查阅。智能算法实验室还发布了时间复杂度估算系统 (http://www.eatimecomplexity.net/), 供研究人员使用。

实验结果证明, 本章提出的方法可以正确而有效地估算进化策略的期望首达时间上界。实验估算了 (1,λ) 进化策略求解球形函数的期望首达时间上界, 并与由严格数学推导得到的理论结果进行了比对; 估算了进化策略及协方差矩阵自适应进化策略在 10 个实际测试函数上的计算时间，结果表明与数值数据相符；此外，实验还估算了标准协方差矩阵自适应进化策略算法及其改进版的期望首达时间上界。

本章以平均增益模型为理论分析方法的样例，阐述了使用统计实验辅助理论方法估算连续型进化算法的计算时间的过程。除了平均增益模型之外，其他理论分析工具也可以用于讨论各种前沿进化算法的计算时间。在未来的工作中，如果把统计方法引入层次分析法、漂移分析、转换分析等优秀的分析框架里，可能得到更多研究成果。此外，尽管本章仅讨论了进化策略的计算时间，但是只要设计的拟合解析式能够反映平均增益的性质，本章介绍的方法对于其他进化算法也同样适用，例如差分进化算法和粒子群算法。这也是我们未来要深入研究的方向。另外，本章讨论了计算时间的上界，因此，下一步工作将包括分析连续型进化算法计算时间的下界。

参 考 文 献

[1] SUN J，JIA J，TANG C K，et al. Poisson Matting[J]. ACM Transactions on Graphics，2004，23（3）：315–321.

[2] WANG J，COHEN M F. Optimized color sampling for robust matting[C]//IEEE Conference on Computer Vision and Pattern Recognition，2007：1–8.

[3] HE K，RHEMANN C，ROTHER C，et al. A global sampling method for alpha matting[C]//IEEE Conference on Computer Vision and Pattern Recognition，2011：2049–2056.

[4] FENG X，LIANG X，ZHANG Z. A cluster sampling method for image matting via sparse coding[C]//European Conference on Computer Vision，2016：204–219.

[5] SHAHRIAN E，RAJAN D. Weighted color and texture sample selection for image matting[C]//IEEE Conference on Computer Vision and Pattern Recognition，2012：718–725.

[6] SHAHRIAN E，RAJAN D，PRICE B，et al. Improving image matting using comprehensive sampling sets[C]//IEEE Conference on Computer Vision and Pattern Recognition，2013：636–643.

[7] KARACAN L，ERDEM A，ERDEM E. Alpha matting with kl-divergence-based sparse sampling[J]. IEEE Transactions on Image Processing，2017，26（9）：4523–4536.

[8] JOHNSON J，VARNOUSFADERANI E S，CHOLAKKAL H，et al. Sparse Coding for Alpha Matting[J]. IEEE Transactions on Image Processing，2016，25（7）：3032–3043.

[9] CHOMICKI J，GODFREY P，GRYZ J，et al. Skyline with presorting[C]//IEEE International Conference on Data Engineering，2003：717–719.

[10] EIBEN A E，SMITH J E. Introduction to evolutionary computing[M]. Berlin：Springer，2003.

[11] RHEMANN C，ROTHER C，WANG J，et al. A perceptually motivated online benchmark for image matting[C]//IEEE Conference on Computer Vision and Pattern Recognition，2009：1826–1833.

[12] ACHANTA R，SHAJI A，SMITH K，et al. SLIC Superpixels Compared to State-of-the-Art Superpixel Methods[J]. IEEE Transactions on Pattern Analysis and Machine Intelligence，2012，34（11）：2274-2282.

[13] CAO G，LI J，HE Z，et al. Divide and Conquer：A Self-Adaptive Approach for High-Resolution Image Matting[C]//International Conference on Virtual Reality and Visualization，2016：24-30.

[14] CHEN Q，LI D，TANG C K. KNN matting[J]. IEEE Transactions on Pattern Analysis and Machine Antelligence，2013，35（9）：2175-2188.

[15] GASTAL E S，OLIVEIRA M M. Shared Sampling for Real-Time Alpha Matting[C]//Computer Graphics Forum，2010（29）：575-584.

[16] YAO G L. A survey on pre-processing in image matting[J]. Journal of Computer Science and Technology，2017，32（1）：122-138.

[17] CAI Z Q，LV L，HUANG H，et al. Improving sampling-based image matting with cooperative coevolution differential evolution algorithm[J]. Soft Computing，2017，21（15）：4417-4430.

[18] KNOWLES J D，WATSON R A，CORNE D W. Reducing local optima in single-objective problems by multi-objectivization[C]//International Conference on Evolutionary Multi-Criterion Optimization，2001：269-283.

[19] GREINER D，EMPERADOR J M，WINTER G，et al. Improving computational mechanics optimum design using helper objectives：an application in frame bar structures[C]//International Conference on Evolutionary Multi-Criterion Optimization，2007：575-589.

[20] ACILAR A M，ARSLAN A. Optimization of multiple input–output fuzzy membership functions using clonal selection algorithm[J]. Expert Systems with Applications，2011，38（3）：1374-1381.

[21] WANG W，LIU X. Intuitionistic fuzzy information aggregation using Einstein operations[J].IEEE Transactions on Fuzzy Systems，2012，20（5）：923-938.

[22] MIZUMOTO M，TANAKA K. Fuzzy sets and type 2 under algebraic product and algebraic sum[J]. Fuzzy Sets and Systems，1981，5（3）：277-290.

[23] LEVIN A，LISCHINSKI D，WEISS Y. A closed-form solution to natural image matting[J]. IEEE Transactions on Pattern Analysis and Machine Intelligence，2008，30（2）：228-242.

[24] ZHU Q，SHAO L，LI X，et al. Targeting accurate object extraction from an image：A comprehensive study of natural image matting[J]. IEEE Transactions on Neural Networks and Learning Systems，2015，26（2）：185-207.

[25] CHO D, KIM S, TAI Y W, et al. Automatic Trimap Generation and Consistent Matting for Light-Field Images[J]. IEEE Transactions on Pattern Analysis and Machine Intelligence, 2017, 39（8）: 1504–1517.

[26] DEB K, PRATAP A, AGARWAL S, et al. A fast and elitist multiobjective genetic algorithm: NSGA-II[J]. IEEE Transactions on Evolutionary Computation, 2002, 6（2）: 182–197.

[27] ZHANG Q, LI H. MOEA/D: A multiobjective evolutionary algorithm based on decomposition[J]. IEEE Transactions on Evolutionary Computation, 2007, 11（6）: 712–731.

[28] COELLO C C, LECHUGA M S. MOPSO: A proposal for multiple objective particle swarm optimization[C]//IEEE Congress on Evolutionary Computation, 2002（2）: 1051–1056.

[29] OMIDVAR M N, YANG M, MEI Y, et al. DG2: A Faster and More Accurate Differential Grouping for Large-Scale Black-Box Optimization[J]. IEEE Transactions on Evolutionary Computation, 2017.

[30] CHENG R, JIN Y. A competitive swarm optimizer for large scale optimization[J]. IEEE Transactions on Cybernetics, 2015, 45（2）: 191–204.

[31] LI X, YAO X. Cooperatively coevolving particle swarms for large scale optimization[J]. IEEE Transactions on Evolutionary Computation, 2012, 16（2）: 210–224.

[32] AKSOY Y, OZAN A T, POLLEFEYS M. Designing effective inter-pixel information flow for natural image matting[C]//IEEE Conference on Computer Vision and Pattern Recognition, 2017: 29–37.

[33] LI C, WANG P, ZHU X, et al. Three-layer graph framework with the sumD feature for alpha matting[J]. Computer Vision and Image Understanding, 2017, 162: 34–45.

[34] LEE Y, YANG S. Parallel block sequential closed-form matting with fan-shaped partitions[J]. IEEE Transactions on Image Processing, 2017, 27（2）: 594–605.

[35] ROYCHOWDHURY S, KOOZEKANANI D D, PARHI K K. Blood vessel segmentation of fundus images by major vessel extraction and subimage classification[J]. IEEE journal of biomedical and health informatics, 2014, 19（3）: 1118–1128.

[36] MENDONCA A M, CAMPILHO A. Segmentation of retinal blood vessels by combining the detection of centerlines and morphological reconstruction[J]. IEEE transactions on medical imaging, 2006, 25（9）: 1200–1213.

[37] HOOVER A, KOUZNETSOVA V, GOLDBAUM M. Locating blood vessels in retinal images by piecewise threshold probing of a matched filter response[J]. IEEE Transactions on Medical imaging, 2000, 19（3）: 203–210.

[38] ZHAO X, HE Z, ZHANG S, et al. Robust pedestrian detection in thermal infrared imagery using a shape distribution histogram feature and modified sparse representation classification[J]. Pattern Recognition, 2015, 48 (6): 1947–1960.

[39] LEE Y S, CHAN Y M, FU L C, et al. Near-Infrared-Based Nighttime Pedestrian Detection Using Grouped Part Models[J]. IEEE Transactions on Intelligent Transportation Systems, 2015, 16 (4): 1929–1940.

[40] BESBES B, ROGOZAN A, RUS A M, et al. Pedestrian detection in far-infrared daytime images using a hierarchical codebook of SURF[J]. Sensors, 2015, 15 (4): 8570–8594.

[41] SUARD F, RAKOTOMAMONJY A, BENSRHAIR A, et al. Pedestrian detection using infrared images and histograms of oriented gradients[C]//Intelligent Vehicles Symposium, 2006: 206–212.

[42] WANG H, WANG J. An effective image representation method using kernel classification[C]//IEEE International Conference on Tools with Artificial Intelligence, 2014: 853–858.

[43] CHIEN J C, LEE J D, CHEN C M, et al. An integrated driver warning system for driver and pedestrian safety[J]. Applied Soft Computing, 2013, 13 (11): 4413–4427.

[44] DALAL N, TRIGGS B. Histograms of oriented gradients for human detection[C]//IEEE Conference on Computer Vision and Pattern Recognition, 2005 (1): 886–893.

[45] BAY H, TUYTELAARS T, VAN G L. Surf: Speeded up robust features[C]//European conference on computer vision, 2006: 404–417.

[46] KWAK J Y, KO B C, NAM J Y. Pedestrian Tracking Using Online Boosted Random Ferns Learning in Far-Infrared Imagery for Safe Driving at Night[J]. IEEE Transactions on Intelligent Transportation Systems, 2017, 18 (1): 69–81.

[47] COLLOBERT R, WESTON J, BOTTOU L, et al. Natural language processing (almost) from scratch[J]. Journal of Machine Learning Research, 2011, 12 (8): 2493–2537.

[48] KRIZHEVSKY A, SUTSKEVER I, HINTON G E. Imagenet classification with deep convolutional neural networks[C]//Advances in Neural Information Processing Systems, 2012: 1097–1105.

[49] SIMONYAN K, ZISSERMAN A. Very deep convolutional networks for large-scale image recognition[J]. arXiv preprint arXiv: 1409.1556, 2014.

[50] HE K, ZHANG X, REN S, et al. Deep residual learning for image recognition[C]//IEEE Conference on Computer Vision and Pattern Recognition, 2016: 770–778.

[51] LEE M W, COHEN I. A model-based approach for estimating human 3D poses in static images[J]. IEEE Transactions on Pattern Analysis and Machine Intelligence, 2006, 28 (6): 905–916.

[52] OTSU N. A threshold selection method from gray-level histograms[J]. IEEE Transactions on Systems, Man, and Cybernetics, 1979, 9 (1): 62–66.

[53] RHEMANN C, ROTHER C, RAV-ACHA A, et al. High resolution matting via interactive trimap segmentation[C]//IEEE Conference on Computer Vision and Pattern Recognition, 2008: 1–8.

[54] JIA Y, SHELHAMER E, DONAHUE J, et al. Caffe: Convolutional architecture for fast feature embedding[C]//ACM International Conference on Multimedia, 2014: 675–678.

[55] KHELLAL A, MA H, FEI Q. Pedestrian Classification and Detection in Far Infrared Images[C]//International Conference on Intelligent Robotics and Applications, 2015: 511–522.

[56] MIRON A D, ROGOZAN A, AINOUZ S, et al. An evaluation of the pedestrian classification in a multi-domain multi-modality setup[J]. Sensors, 2015, 15 (6): 13851–13873.

[57] HWANG S, PARK J, KIM N, et al. Multispectral pedestrian detection: Benchmark dataset and baseline[C]//IEEE Conference on Computer Vision and Pattern Recognition, 2015:1037–1045.

[58] ZHANG X, CHAO W, LI Z, et al. Multi-modal kernel ridge regression for social image classification[J]. Applied Soft Computing, 2018, 67: 117–125.

[59] DOLLAR P, WOJEK C, SCHIELE B, et al. Pedestrian detection: An evaluation of the state of the art[J]. IEEE Transactions on Pattern Analysis and Machine Intelligence, 2012, 34 (4): 743–761.

[60] VAILAYA A, FIGUEIREDO M A, JAIN A K, et al. Image classification for content-based indexing[J]. IEEE Transactions on Image Processing, 2001, 10 (1): 117–130.

[61] WANG G, LIAO T W. Automatic identification of different types of welding defects in radiographic images[J]. Ndt & E International, 2002, 35 (8): 519–528.

[62] HAN J, ZHANG D, HU X, et al. Background prior-based salient object detection via deep reconstruction residual[J]. IEEE Transactions on Circuits and Systems for Video Technology, 2015, 25 (8): 1309–1321.

[63] KIM T, KIM S. Pedestrian detection at night time in FIR domain: Comprehensive study about temperature and brightness and new benchmark[J]. Pattern Recognition, 2018, 79: 44–54.

[64] HE F，GUO Y，GAO C. An improved pulse coupled neural network with spectral residual for infrared pedestrian segmentation[J]. Infrared Physics & Technology，2017，87: 22–30.

[65] SOUNDRAPANDIYAN R，MOULI P C. Adaptive pedestrian detection in infrared images using fuzzy enhancement and top-hat transform[J]. International Journal of Computational Vision and Robotics，2017，7（1-2）: 49–67.

[66] YAN X，HUANG H，HAO Z，et al. A Graph-based Fuzzy Evolutionary Algorithm for Solving Two-Echelon Vehicle Routing Problems[J]. IEEE Transactions on Evolutionary Computation: 1–1.

[67] CRAINIC T，MANCINI S，PERBOLI G，et al. GRASP with Path Relinking for the Two-Echelon Vehicle Routing Problem[J]. Advances in Metaheuristics，2013，53: 113–125.

[68] BREUNIG U，SCHMID V，HARTL R F，et al. A large neighbourhood based heuristic for two-echelon routing problems[J]. Computers & Operations Research，2016，76: 208–225.

[69] HEMMELMAYR V C，CORDEAU J F，CRAINIC T G. An adaptive large neighborhood search heuristic for Two-Echelon Vehicle Routing Problems arising in city logistics[J]. Computers & Operations Research，2012，39（12）: 3215–3228.

[70] GUPTA H，VAHID D A，GHOSH S K，et al. iFogSim: A toolkit for modeling and simulation of resource management techniques in the Internet of Things，Edge and Fog computing environments[J]. Software: Practice and Experience，2017，47（9）: 1275–1296.

[71] HUANG H，LIU F，YANG Z，et al. Automated test case generation based on differential evolution with relationship matrix for IFOGSIM toolkit[J]. IEEE Transactions on Industrial Informatics，2018，14（11）: 5005–5016.

[72] HUANG H，LIU F，ZHUO X，et al. Differential evolution based on self-adaptive fitness function for automated test case generation[J]. IEEE Computational Intelligence Magazine，2017，12（2）: 46–55.

[73] LIU F，HUANG H，YANG Z，et al. Search-Based Algorithm With Scatter Search Strategy for Automated Test Case Generation of NLP Toolkit[J]. IEEE Transactions on Emerging Topics in Computational Intelligence，2019.

[74] MANNING C，SURDEANU M，BAUER J，et al. The Stanford CoreNLP natural language processing toolkit[C]//Proceedings of 52nd annual meeting of the association for computational linguistics: system demonstrations，2014: 55–60.

[75] LIU F，HUANG H，LI X，et al. Automated Test Data Generation Based on Particle Swarm Optimization with Convergence Speed Controller[J]. CAAI Transactions on Intelligence Technology，2017，2（2）: 73–79.

[76] XIANG Y，ZHOU Y，YANG X，et al. A Many-objective Evolutionary Algorithm With Pareto-adaptive Reference Points[J]. IEEE Transactions on Evolutionary Computation，2019：1–1.

[77] DEB K，JAIN H. An Evolutionary Many-Objective Optimization Algorithm Using Reference-Point Based Nondominated Sorting Approach，Part I：Solving Problems With Box Constraints[J]. IEEE Transactions on Evolutionary Computation，2014，18（4）：577–601.

[78] XIANG Y，ZHOU Y，LI M，et al. A Vector Angle based Evolutionary Algorithm for Unconstrained Many-Objective Problems[J]. IEEE Transactions on Evolutionary Computation，2017，21（1）：131–152.

[79] YUAN Y，XU H，WANG B，et al. A New Dominance Relation Based Evolutionary Algorithm for Many-Objective Optimization[J]. IEEE Transactions on Evolutionary Computation，2016，20（1）：16–37.

[80] IKEDA K，KITA H，KOBAYASHI S. Failure of Pareto-based MOEAs：does non-dominated really mean near to optimal?[C]//Proceedings of the 2001 Congress on Evolutionary Computation，2001：957–962.

[81] LI M，YANG S，LIU X. Pareto or Non-Pareto：Bi-Criterion Evolution in Multiobjective Optimization[J]. IEEE Transactions on Evolutionary Computation，2016，20（5）：645–665.

[82] BHATTACHARJEE K S，SINGH H K，RAY T，et al. Decomposition Based Evolutionary Algorithm with a Dual Set of reference vectors[C]//2017 IEEE Congress on Evolutionary Computation（CEC），2017：105–112.

[83] LIU Y，GONG D，SUN J，et al. A Many-Objective Evolutionary Algorithm Using A One-by-One Selection Strategy[J]. IEEE Transactions on Cybernetics，2017，47（9）：2689–2702.

[84] DEB K，SUNDAR J. Reference Point Based Multi-objective Optimization Using Evolutionary Algorithms[C]//Proceedings of the 8th Annual Conference on Genetic and Evolutionary Computation，2006.

[85] ZHOU Y，XIANG Y，CHEN Z，et al. A Scalar Projection and Angle based Evolutionary Algorithm for Many-objective Optimization Problems[J].IEEE Transactions on Cybernetics，2019，49（6）：2073–2084.

[86] DENYSIUK R，GASPAR-CUNHA A. Multiobjective evolutionary algorithm based on vector angle neighborhood[J]. Swarm and Evolutionary Computation，2017，37：45 – 57.

[87] CAI X，YANG Z，FAN Z，et al. Decomposition-Based-Sorting and Angle-Based-Selection for Evolutionary Multiobjective and Many-Objective Optimization[J].IEEE Transactions on Cybernetics，2017（99）：1–14.

[88] CHENG R, JIN Y, OLHOFER M, et al. A Reference Vector Guided Evolutionary Algorithm for Many-Objective Optimization[J]. IEEE Transactions on Evolutionary Computation, 2016, 20 (5): 773–791.

[89] LIU Z Z, WANG Y, HUANG P Q. AnD: A many-objective evolutionary algorithm with angle-based selection and shift-based density estimation[J]. Information Sciences, 2018.

[90] DURILLO J J, NEBRO A J. jMetal: A Java framework for multi-objective optimization[J].Advances in Engineering Software, 2011, 42: 760–771.

[91] ZHANG Q, LI H. MOEA/D: A multiobjective evolutionary algorithm based on decomposition[J]. IEEE Transactions on Evolutionary Computation, 2007, 11 (6): 712–731.

[92] SABORIDO R, RUIZ A B, LUQUE M. Global WASF-GA: an evolutionary algorithm in multiobjective optimization to approximate the whole pareto optimal front[J]. Evolutionary computation, 2016.

[93] SATO H.Inverted PBI in MOEA/D and its impact on the search performance on multi and many-objective optimization[C]//Proceedings of the 2014 Annual Conference on Genetic and Evolutionary Computation, 2014: 645–652.

[94] DEB K, THIELE L, LAUMANNS M, et al. Scalable test problems for evolutionary multiobjective optimization[M].Berlin: Springer, 2005.

[95] ISHIBUCHI H, SETOGUCHI Y, MASUDA H, et al. Performance of Decomposition-Based Many-Objective Algorithms Strongly Depends on Pareto Front Shapes[J]. IEEE Transactions on Evolutionary Computation, 2017, 21 (2): 169–190.

[96] HUBAND S, HINGSTON P, BARONE L, et al. A review of multiobjective test problems and a scalable test problem toolkit[J]. IEEE Transactions on Evolutionary Computation, 2006, 10 (5): 477–506.

[97] COELLO C C A, LAMONT G B, VELDHUIZEN D A V. Evolutionary Algorithms for Solving Multi-objective Problems[M]. 2nd ed. New York: Springer Science + Business Media, LLC, 2007.

[98] ZITZLER E, THIELE L. Multiobjective evolutionary algorithms: A comparative case study and the strength pareto approach[J]. IEEE Transactions on Evolutionary Computation, 1999, 3 (4): 257–271.

[99] WHILE L, BRADSTREET L, BARONE L. A fast way of calculating exact hypervolumes[J]. IEEE Transactions on Evolutionary Computation, 2012, 16 (1): 86–95.

[100] BADER J, ZITZLER E.HypE: An Algorithm for Fast Hypervolume-Based Many-Objective Optimization[J]. Evolutionary Computation, 2011, 19 (1): 45–76.

[101] DAS I, DENNIS J E. Normal-Boundary Intersection: A New Method for Generating the Pareto Surface in Nonlinear Multicriteria Optimization Problems[J]. SIAM Journal on Optimization, 1998, 8 (3): 631–657.

[102] LI K, DEB K, ZHANG Q, et al. An Evolutionary Many-Objective Optimization Algorithm Based on Dominance and Decomposition[J].IEEE Transactions on Evolutionary Computation, 2015, 19 (5): 694–716.

[103] WILCOXON F. Individual comparisons by ranking methods[J]. Biometrics bulletin, 1945, 1 (6): 80–83.

[104] DERRAC J, GARCIA S, MOLINA D, et al. A practical tutorial on the use of nonparametric statistical tests as a methodology for comparing evolutionary and swarm intelligence algorithms[J].Swarm and Evolutionary Computation, 2011, 1 (7): 3–18.

[105] XIANG Y, YANG X, ZHOU Y, et al. Enhancing Decomposition-based Algorithms by Estimation of Distribution for Constrained Optimal Software Product Selection[J]. IEEE Transactions on Evolutionary Computation, 2019: 1–15.

[106] CLEMENTS P, NORTHROP L.Software product lines: practices and patterns[M].Boston: Addison-Wesley Longman Publishing Co., 2001.

[107] BATORY D. Feature Models, Grammars, and Propositional Formulas[C]//Obbink H, Pohl K, eds. Proceedings of the 9th International Conference Software Product Lines, SPLC 2005, 2005: 7–20.

[108] KANG K C, COHEN S G, HESS J A, et al. Feature-oriented domain analysis (FODA) feasibility study[J].Georgetown University, 1990.

[109] BERGER T, LETTNER D, RUBIN J, et al. What is a feature?: a qualitative study of features in industrial software product lines.[C]//Proceedings of the 19th International Conference on Software Product Line (SPLC), 2015: 16–25.

[110] CZARNECKI K, EISENECKER U.Generative programming: Methods, tools, and applications[M].Boston: Addison-Wesley, 2000.

[111] SAYYAD A S, MENZIES T, AMMAR H. On the value of user preferences in search-based software engineering: A case study in software product lines[C]//2013 35th International Conference on Software Engineering (ICSE), 2013: 492–501.

[112] HENARD C, PAPADAKIS M, HARMAN M, et al. Combining Multi-Objective Search and Constraint Solving for Configuring Large Software Product Lines[C]//The 37th International Conference on Software Engineering, 2015, 1: 517–528.

[113] HIERONS R M，LI M，LIU X，et al. SIP: Optimal Product Selection from Feature Models Using Many-Objective Evolutionary Optimization[J]. ACM Transactions on Software Engineering and Methodology，2016，25（2）: 1–39.

[114] XIANG Y，ZHOU Y，ZHENG Z，et al. Configuring Software Product Lines by Combining Many-Objective Optimization and SAT Solvers[J].ACM Transactions on Software Engineering and Methodology，2018，26（4）: 1–46.

[115] SAYYAD A S，INGRAM J，MENZIES T，et al. Scalable product line configuration: A straw to break the camel's back[C]//2013 28th IEEE/ACM International Conference on Automated Software Engineering（ASE），2013: 465–474.

[116] ISHIBUCHI H，AKEDO N，NOJIMA Y. Behavior of Multiobjective Evolutionary Algorithms on Many-Objective Knapsack Problems[J]. IEEE Transactions on Evolutionary Computation，2015，19（2）: 264–283.

[117] SRINIVAS M，PATNAIK L M. Genetic algorithms: a survey[J]. Computer，1994，27（6）: 17–26.

[118] Z M. Genetic algorithms+ data structures= evolution programs[M].Berlin: Springer Science & Business Media，2013.

[119] QI Y，MA X，LIU F，et al. MOEA/D with Adaptive Weight Adjustment[J]. Evolutionary Computation，2014，22（2）: 231–264.

[120] LI K，ZHANG Q，KWONG S，et al. Stable matching based selection in evlutionary multi-objective optimization[J]. IEEE Transactions on Evolutionary Computation，2014，18（6）: 909–923.

[121] BALINT A，SCHÖNING U. Choosing Probability Distributions for Stochastic Local Search and the Role of Make versus Break[M]. Berlin，Heidelberg: International Conference on Theory and Applications of Satisfiability Testing，2012: 16–29.

[122] BERRE D L，PARRAIN A. The Sat4j library，release 2.2，system description[J]. Journal on Satisfiability，Boolean Modeling and Computation，2010，7: 59–64.

[123] MARQUES-SILVA J P，SAKALLAH K A，et al. GRASP:a search algorithm for propositional satisfiability[J]. IEEE Transactions on Computers，1999，48（5）: 506–521.

[124] EÉN N，SÖRENSSON N. An Extensible SAT-solver[C]//International conference on theory and applications of satisfiability testing. Springer Berlin Heidelberg，2003: 502–518.

[125] BIERE A. PicoSAT Essentials[J]. Journal on Satisfiability Boolean Modeling & Computation，2008，4（2-4）: 75–97.

[126] SELMAN B, KAUTZ H A, COHEN B. Noise Strategies for Improving Local Search[C]//Proceedings of the Twelfth National Conference on Artificial Intelligence (Vol. 1), 1994.

[127] LARDEUX F, SAUBION F, HAO J K. GASAT: A Genetic Local Search Algorithm for the Satisfiability Problem[J]. Evolutionary Computation, 2006, 14 (2): 223–253.

[128] LUO C, CAI S, SU K, et al. CCEHC: An efficient local search algorithm for weighted partial maximum satisfiability[J]. Artificial Intelligence, 2017, 243: 26 – 44.

[129] JAIN H, DEB K. An Evolutionary Many-Objective Optimization Algorithm Using Reference-Point Based Nondominated Sorting Approach, Part II: Handling Constraints and Extending to an Adaptive Approach[J]. IEEE Transactions on Evolutionary Computation, 2014, 18 (4): 602–622.

[130] SHE S, LOTUFO R, BERGER T, et al. Reverse Engineering Feature Models[C]//Proceedings of the 33rd International Conference on Software Engineering, 2011.

[131] ZABIH R, MCALLESTER D. A Rearrangement Search Strategy for Determining Propositional Satisfiability[C]//National Conference on Artificial Intelligence, 1988: 155–160.

[132] ISHIBUCHI H, MASUDA H, TANIGAKI Y, et al. Difficulties in specifying reference points to calculate the inverted generational distance for many-objective optimization problems[C]//IEEE Symposium on Computational Intelligence in Multi-Criteria Decision-Making (MCDM), 2014: 170–177.

[133] ISHIBUCHI H, MASUDA H, TANIGAKI Y, et al. Modified Distance Calculation in Generational Distance and Inverted Generational Distance[C]//Evolutionary Multi-Criterion Optimization, 2015: 110–125.

[134] ZITZLER E, BROCKHOFF D, THIELE L. The Hypervolume Indicator Revisited: On the Design of Pareto-compliant Indicators Via Weighted Integration[C]//Obayashi S, Deb K, Poloni C, et al, eds. Evolutionary Multi-Criterion Optimization, 2007: 862–876.

[135] WANG B, XU H, YUAN Y. Scale adaptive reproduction operator for decomposition based estimation of distribution algorithm[C]//2015 IEEE Congress on Evolutionary Computation (CEC), 2015: 2042–2049.

[136] AKIMOTO Y, AUGER A, HANSEN N. Quality gain analysis of the weighted recombination evolution strategy on general convex quadratic functions[J]. Theoretical Computer Science, 2018.

[137] WANG Y,CAI Z,ZHANG Q. Differential Evolution With Composite Trial Vector Generation Strategies and Control Parameters[J]. IEEE Transactions on Evolutionary Computation, 2011, 15 (1): 55–66.

[138] ARABAS J, BIEDRZYCKI R. Improving Evolutionary Algorithms in a Continuous Domain by Monitoring the Population Midpoint[J]. IEEE Transactions on Evolutionary Computation, 2017, 21 (5): 807–812.

[139] GONG W, ZHOU A, CAI Z. A Multioperator Search Strategy Based on Cheap Surrogate Models for Evolutionary Optimization[J]. IEEE Transactions on Evolutionary Computation, 2015, 19 (5): 746–758.

[140] LIU Q, CHEN W, DENG J D, et al. Benchmarking Stochastic Algorithms for Global Optimization Problems by Visualizing Confidence Intervals[J]. IEEE Transactions on Systems, Man, and Cybernetics, 2017, 47 (9): 2924–2937.

[141] BARTZ-BEIELSTEIN T, CHIARANDINI M, PAQUETE L, et al. Experimental Methods for the Analysis of Optimization Algorithms[M]. 1st ed. Berlin, Heidelberg: Springer-Verlag, 2010.

[142] JÄGERSKÜPPER J, PREUSS M. Aiming for a Theoretically Tractable CSA Variant by Means of Empirical Investigations[C]//Proceedings of the 10th Annual Conference on Genetic and Evolutionary Computation, 2008.

[143] JÄGERSKÜPPER J, PREUSS M. Empirical Investigation of Simplified Step-Size Control in Metaheuristics with a View to Theory[C]//McGeoch C C, eds. Experimental Algorithms, 2008.

[144] JÄGERSKÜPPER J. Rigorous runtime analysis of the (1+1) ES: 1/5-rule and ellipsoidal fitness landscapes[C]//International Workshop on Foundations of Genetic Algorithms, 2005: 260–281.

[145] BÄCK T, HAMMEL U, SCHWEFEL H P. Evolutionary computation: Comments on the history and current state[J]. IEEE transactions on Evolutionary Computation, 1997, 1 (1): 3–17.

[146] JIANG W, QIAN C, TANG K. Improved Running Time Analysis of the (1+1) -ES on the Sphere Function[C]//International Conference on Intelligent Computing, 2018: 729–739.

[147] ZHANG Y S, HAN H, HAO Z F, et al. First hitting time analysis of continuous evolutionary algorithms based on average gain[J]. Cluster Computing, 2016, 19 (3): 1323–1332.

[148] JÄGERSKÜPPER J. Probabilistic runtime analysis of （1+< over>, λ）, ES using isotropic mutations[C]//Proceedings of the 8th annual conference on Genetic and evolutionary computation, 2006: 461–468.

[149] HANSEN N, OSTERMEIER A. Adapting arbitrary normal mutation distributions in evolution strategies: The covariance matrix adaptation[C]//Proceedings of IEEE International Conference on Evolutionary Computation, 1996: 312–317.

[150] POLAND J, ZELL A. Main vector adaptation: A CMA variant with linear time and space complexity[C]//Proceedings of the 3rd Annual Conference on Genetic and Evolutionary Computation, 2001: 1050–1055.

[151] HANSEN N. The CMA evolution strategy: A tutorial[J]. arXiv preprint arXiv: 1604.00772, 2016.

[152] KRAUSE O, ARBONÈS D R, IGEL C. CMA-ES with optimal covariance update and storage complexity[C]//Advances in Neural Information Processing Systems, 2016: 370–378.

[153] ENGELBRECHT A P. Fitness function evaluations: A fair stopping condition?[C]//Swarm Intelligence （SIS）, 2014 IEEE Symposium on, 2014: 1–8.

[154] HE J, YAO X. Average drift analysis and population scalability[J]. IEEE Transactions on Evolutionary Computation, 2017, 21 （3）: 426–439.

[155] YU Y, ZHOU Z H. A new approach to estimating the expected first hitting time of evolutionary algorithms[J]. Artificial Intelligence, 2008, 172 （15）: 1809.

[156] CHEN T, TANG K, CHEN G, et al. Analysis of computational time of simple estimation of distribution algorithms[J]. IEEE Transactions on Evolutionary Computation, 2010, 14 （1）: 1–22.

[157] SUDHOLT D. A new method for lower bounds on the running time of evolutionary algorithms[J]. IEEE Transactions on Evolutionary Computation, 2013, 17 （3）: 418–435.

[158] WU Z, KOLONKO M, MÖHRING R H. Stochastic Runtime Analysis of the Cross-Entropy Algorithm[J]. IEEE Transactions on Evolutionary Computation, 2017, 21 （4）: 616–628.

[159] JÄGERSKÜPPER J. How the （1+1） ES using isotropic mutations minimizes positive definite quadratic forms[J]. Theoretical Computer Science, 2006, 361 （1）: 38–56.

[160] JÄGERSKÜPPER J. Algorithmic analysis of a basic evolutionary algorithm for continuous optimization[J]. Theoretical Computer Science, 2007, 379 （3）: 329–347.

[161] BEYER H, FINCK S. Performance of the: $(\mu/\mu_I, \lambda)$ -σSA-ES on a Class of PDQFs[J]. IEEE Transactions on Evolutionary Computation, 2010, 14 （3）: 400–418.

[162] BEYER H, MELKOZEROV A. The dynamics of self-adaptive multirecombinant evolution strategies on the general ellipsoid model[J]. IEEE Transactions on Evolutionary Computation, 2014, 18 (5): 764–778.

[163] WEGENER I. Theoretical aspects of evolutionary algorithms[C]//International Colloquium on Automata, Languages, and Programming, 2001: 64–78.

[164] ZHOU D, LUO D, LU R, et al. The use of tail inequalities on the probable computational time of randomized search heuristics[J]. Theoretical Computer Science, 2012, 436: 106–117.

[165] WITT C. Fitness levels with tail bounds for the analysis of randomized search heuristics[J]. Information Processing Letters, 2014, 114 (1-2): 38–41.

[166] HE J, YAO X. Drift analysis and average time complexity of evolutionary algorithms[J]. Artificial intelligence, 2001, 127 (1): 57–85.

[167] JÄGERSKÜPPER J. Combining Markov-chain analysis and drift analysis[J]. Algorithmica, 2011, 59 (3): 409–424.

[168] CHEN T, HE J, SUN G, et al. A new approach for analyzing average time complexity of population-based evolutionary algorithms on unimodal problems[J].IEEE Transactions on Systems, Man, and Cybernetics, Part B (Cybernetics), 2009, 39 (5): 1092–1106.

[169] LEHRE P K, WITT C. Concentrated hitting times of randomized search heuristics with variable drift[C]//International Symposium on Algorithms and Computation, 2014: 686–697.

[170] OLIVETO P S, WITT C. Simplified drift analysis for proving lower bounds in evolutionary computation[J]. Algorithmica, 2011, 59 (3): 369–386.

[171] YU Y, QIAN C, ZHOU Z H. Switch analysis for running time analysis of evolutionary algorithms[J]. IEEE Transactions on Evolutionary Computation, 2015, 19 (6): 777–792.

[172] YU Y, QIAN C. Running time analysis: Convergence-based analysis reduces to switch analysis[C]//Evolutionary Computation (CEC), 2015 IEEE Congress on, 2015: 2603–2610.

[173] AKIMOTO Y, AUGER A, GLASMACHERS T. Drift Theory in Continuous Search Spaces: Expected Hitting Time of the (1+1) -ES with 1/5 Success Rule[C]//Proceedings of the Genetic and Evolutionary Computation Conference, 2018.

[174] HUANG H, XU W, ZHANG Y, et al. Runtime analysis for continuous (1+1) evolutionary algorithm based on average gain model[J]. SCIENTIA SINICA Informationis, 2014, 44 (6): 811–824.

[175] BÄCK T. Evolutionary computation: Toward a new philosophy of machine intelligence[J]. Complexity, 1997, 2 (4): 28–30.

[176] TUCKER H G. A generalization of the Glivenko-Cantelli theorem[J]. The Annals of Mathematical Statistics, 1959, 30 (3): 828–830.

[177] STIOPKIN I V, WEERAMAN C, PIENIAZEK P A, et al. Hydrogen bonding at the water surface revealed by isotopic dilution spectroscopy[J]. Nature, 2011, 474 (7350): 192.

[178] WRIGHT S I, BI I V, SCHROEDER S G, et al. The effects of artificial selection on the maize genome[J]. Science, 2005, 308 (5726): 1310–1314.

[179] XU X, YAO W, SUN B, et al. Optically controlled locking of the nuclear field via coherent dark-state spectroscopy[J]. Nature, 2009, 459 (7250): 1105.

[180] LANCASTER P, SALKAUSKAS K.Curve and surface fitting: an introduction[M].New York: Academic press, 1986.

[181] LANCASTER P, SALKAUSKAS K. Surfaces generated by moving least squares methods[J]. Mathematics of computation, 1981, 37 (155): 141–158.

[182] FLEISHMAN S, COHEN-OR D, SILVA C T. Robust moving least-squares fitting with sharp features[J]. ACM transactions on graphics (TOG), 2005, 24 (3): 544–552.

[183] BLANE M M, LEI Z, CIVI H, et al. The 3L algorithm for fitting implicit polynomial curves and surfaces to data[J]. IEEE Transactions on Pattern Analysis and Machine Intelligence, 2000, 22 (3): 298–313.

[184] TAUBIN G, CUKIERMAN F, SULLIVAN S, et al. Parameterized families of polynomials for bounded algebraic curve and surface fitting[J]. IEEE Transactions on Pattern Analysis and Machine Intelligence, 1994, 16 (3): 287–303.

[185] HUANG H, LIANG Y, YANG X, et al. Pixel-Level discrete multiobjective sampling for image matting[J]. IEEE Transactions on Image Processing, 2019, 28 (8): 3739-3751.

[186] LIANG Y, HUANG H, CAI Z, et al. Multiobjective evolutionary optimization based on fuzzy multicriteria evaluation and decomposition for image matting[J]. IEEE Transactions on Fuzzy Systems, 2019, 27 (5): 1100–1111.

[187] FAN Z, LU J, WEI C, et al. A hierarchical image matting model for blood vessel segmentation in fundus images[J]. IEEE Transactions on Image Processing, 2018, 28 (5): 2367–2377.

[188] LIANG Y, HUANG H, CAI Z, et al. Deep infrared pedestrian classification based on automatic image matting[J]. Applied Soft Computing, 2019, 77: 484–496.

[189] LIU F，HUANG H，SU J，et al. Manifold-Inspired Search-based Algorithm for Auto-mated Test Case Generation[J].IEEE Transactions on Emerging Topics in Computing，DOI：10.1109/TETC.2021.3070968.

[190] HUANG H，SU J，ZHANG Y，et al. An experimental method to estimate running time of evolutionary algorithms for continuous optimization[J]. IEEE Transactions on Evolutionary Computation，2019，24（2）：275–289.

机器学习理论导引

作者：周志华 王魏 高尉 张利军 著　书号：978-7-111-65424-7　定价：79.00元

本书由机器学习领域著名学者周志华教授领衔的南京大学LAMDA团队四位教授合著，旨在为有志于机器学习理论学习和研究的读者提供一个入门导引，适合作为高等院校智能方向高级机器学习或机器学习理论课程的教材，也可供从事机器学习理论研究的专业人员和工程技术人员参考学习。本书梳理出机器学习理论中的七个重要概念或理论工具（即：可学习性、假设空间复杂度、泛化界、稳定性、一致性、收敛率、遗憾界），除介绍基本概念外，还给出若干分析实例，展示如何应用不同的理论工具来分析具体的机器学习技术。

迁移学习

作者：杨强 张宇 戴文渊 潘嘉林 著　译者：庄福振 等　书号：978-7-111-66128-3 定价：139.00元

本书是由迁移学习领域奠基人杨强教授领衔撰写的系统了解迁移学习的权威著作，内容全面覆盖了迁移学习相关技术基础和应用，不仅有助于学术界读者深入理解迁移学习，对工业界人士亦有重要参考价值。全书不仅全面概述了迁移学习原理和技术，还提供了迁移学习在计算机视觉、自然语言处理、推荐系统、生物信息学、城市计算等人工智能重要领域的应用介绍。

神经网络与深度学习

作者：邱锡鹏 著　ISBN：978-7-111-64968-7　定价：149.00元

本书是复旦大学计算机学院邱锡鹏教授多年深耕学术研究和教学实践的潜心力作，系统地整理了深度学习的知识体系，并由浅入深地阐述了深度学习的原理、模型和方法，使得读者能全面地掌握深度学习的相关知识，并提高以深度学习技术来解决实际问题的能力。本书是高等院校人工智能、计算机、自动化、电子和通信等相关专业深度学习课程的优秀教材。

推荐阅读

模式识别

作者：吴建鑫 著 书号：978-7-111-64389-0 定价：99.00元

模式识别是从输入数据中自动提取有用的模式并将其用于决策的过程，一直以来都是计算机科学、人工智能及相关领域的重要研究内容之一。本书是南京大学吴建鑫教授多年深耕学术研究和教学实践的潜心力作，系统阐述了模式识别中的基础知识、主要模型及热门应用，并给出了近年来该领域一些新的成果和观点，是高等院校人工智能、计算机、自动化、电子和通信等相关专业模式识别课程的优秀教材。

自然语言处理基础教程

作者：王刚 郭蕴 王晨 编著 书号：978-7-111-69259-1 定价：69.00元

本书面向初学者介绍了自然语言处理的基础知识，包括词法分析、句法分析、基于机器学习的文本分析、深度学习与神经网络、词嵌入与词向量以及自然语言处理与卷积神经网络、循环神经网络技术及应用。本书深入浅出，案例丰富，可作为高校人工智能、大数据、计算机及相关专业本科生的教材，也可供对自然语言处理有兴趣的技术人员作为参考书。

深度学习基础教程

作者：赵宏 主编 于刚 吴美学 张浩然 屈芳瑜 王鹏 参编 ISBN：978-7-111-68732-0 定价：59.00元

深度学习是当前的人工智能领域的技术热点。本书面向高等院校理工科专业学生的需求，介绍深度学习相关概念，培养学生研究、利用基于各类深度学习架构的人工智能算法来分析和解决相关专业问题的能力。本书内容包括深度学习概述、人工神经网络基础、卷积神经网络和循环神经网络、生成对抗网络和深度强化学习、计算机视觉以及自然语言处理。本书适合作为高校理工科相关专业深度学习、人工智能相关课程的教材，也适合作为技术人员的参考书或自学读物。